湖北省农村能源节能减排典型模式

艾平　李强　李冰峰　金柯达　关金菊◎著

组编单位：
湖北省农村能源办公室
华中农业大学工学院

華中科技大學出版社
http://press.hust.edu.cn
中国·武汉

内容简介

本书结合大量案例，将湖北省农村能源节能减排典型模式分为三个大类，共13种典型模式。其中，农村沼气类共4种典型模式，包含了9个典型工程案例和技术案例，主要介绍了庭院/户用沼气、小型沼气工程、大型沼气工程、特大型沼气工程的模式背景、技术要点、案例分析和推广条件；秸秆利用类共5种典型模式，包含了11个典型工程案例和技术案例，主要介绍了秸秆收储运建设、秸秆肥料化利用、秸秆能源化利用、秸秆饲料化利用和秸秆基料化利用的模式背景、技术要点、案例分析和推广条件；农村清洁用能类共4种典型模式，包含了5个典型工程案例和技术案例，主要介绍了高效低排生物质炉/灶、区域一体化农村有机废物集中处理与生态循环利用模式、农村改厕与人居环境整治、低碳村镇综合生态技术集成与示范的模式背景、技术要点、案例分析和推广条件。

本书主要总结了湖北省农村能源及秸秆综合利用领域的典型技术、模式和案例等，以期为从事农村能源相关工作的人员提供有益的借鉴和参考。

图书在版编目（CIP）数据

湖北省农村能源节能减排典型模式 / 艾平等著. -- 武汉 : 华中科技大学出版社, 2024. 8.
ISBN 978-7-5772-1043-8

Ⅰ. S210.4

中国国家版本馆CIP数据核字第2024H367X0号

湖北省农村能源节能减排典型模式 艾平 李强 李冰峰 金柯达 关金菊 著
Hubei Sheng Nongcun Nengyuan Jieneng Jianpai Dianxing Moshi

策划编辑：彭中军
责任编辑：彭中军
封面设计：孢 子
责任校对：刘小雨
责任监印：朱 玢
出版发行：华中科技大学出版社（中国·武汉） 电话：（027）81321913
武汉市东湖新技术开发区华工科技园 邮编：430223
录 排：武汉创易图文工作室
印 刷：武汉市洪林印务有限公司
开 本：787 mm×1092 mm 1/16
印 张：11
字 数：271千字
版 次：2024年8月第1版第1次印刷
定 价：79.00元

《湖北省农村能源节能减排典型模式》

编委会

著　　　艾　平　李　强　李冰峰　金柯达
　　　　关金菊

副主编　黄　咏　田美春　梁　英　丁子健
　　　　陈诗臣　魏雅漩　杨　懿　李志朋
　　　　张唐娟　冉　毅　高　勇

编写者　（按姓氏笔画排序）
　　　　牛文娟　王卓然　王建波　王媛媛
　　　　艾孛佳　田杭宇　朱乐乐　刘　念
　　　　宋世圣　张妍妍　张诚允　李柏伦
　　　　张顺利　张浩睿　李盛强　李嘉琪
　　　　易成龙　孟　亮　贺清尧　骆淑芳
　　　　曹　灿　韩　松　傅国浩　彭靖靖

主　审　张辉文　曹宝群　吴　凤　李向群
　　　　张衍林

前言

PREFACE

2021 年 1 月，习近平总书记指出：“推进碳达峰碳中和是党中央经过深思熟虑作出的重大战略决策，是我们对国际社会的庄严承诺，也是推动经济结构转型升级、形成绿色低碳产业竞争优势，实现高质量发展的内在要求。”要在 2030 年前实现碳达峰、2060 年前实现碳中和，农业农村减排固碳和农村能源转型升级既是重要举措，也是潜力所在。湖北是农业大省，具有农业农村减排固碳和农村清洁能源发展的厚重积淀与强大潜力。湖北省农村能源建设紧密围绕农村用能结构调整和乡村产业发展、农村人居环境建设、秸秆资源化利用等工作目标，坚持清洁能源供给、生态环境保护和循环农业发展的复合定位，全力推动湖北省农村清洁能源建设，加大农村生物质能开发，促进生态循环农业发展，为构建湖北省农业农村绿色发展新格局做出了贡献。

近年来，湖北省农村能源紧紧围绕我国农业减排固碳战略部署，推动农业绿色高质量发展、农业废弃物资源化利用等工作部署落实落地，将农业农村节能减排与促进农业产业高质量发展和可持续发展紧密结合，全面配合湖北省农业现代化发展战略布局的落实。湖北省以推动农村能源清洁低碳化发展、促进农村生物质资源化利用为目标，着力打造沼气全产业链和秸秆综合利用全产业链，为推动湖北省农村清洁能源体系建设和农业低碳循环发展进行积极探索。

为推动农业农村减排固碳和农村清洁能源高质量发展，我们结合近年来的工作实践，特编写本书。本书以湖北省农村能源节能减排典型案例为主体内容，以《湖北省农村能源发展“十四五”规划》为指导，将典型案例归纳为三个大类（农村沼气类、秸秆利用类、农村清洁用能类）13 种典型模式，并根据典型案例的运行模式和技术要点总结不同农村能源节能减排模式背景、技术要点、案例分析和推广条件。编写本书的目的在于使农业农村领域相关人员了解不同农村能源节能减排技术和模式，在广大农村地区因地制宜推广农村能源节能减排发展模式。

本书由湖北省农村能源办公室组织力量编写。编委会成员在编写本书的过程中得到了甘小泽、覃双鹤、张辉文、陈杰、曹宝群、江绣屏、吴凤、王永明、杨懿、蔡晓勇、左军平、李志朋等同志的指导，得到了陈明富、杨书红、胡宝娥、骆淑芳等有关县市的农村能源主管部门、优秀企业以及基层农村能源管理和技术人员的大力支持。本书由艾平、李强、李冰峰、金柯达、关金菊等负责主要编写工作，张辉文、曹宝群、吴凤、李向群、张衍林审阅了全书，并提出了许多宝贵的修改意见，湖北省农村能源办公室覃双鹤副主任和张辉文处长为本书编写提供了大力帮助。在此编委会成员对所有给予本书支持和关心的领导、同人和朋友表示衷心感谢。

虽然作者在编写过程中力求叙述准确、完善，但由于专业水平和掌握的资料有限，且工作量大，加之本书所涉及的案例众多、专业面广、综合性强，不足之处在所难免，敬请读者批评指正。

编委会

目录

CONTENTS

第一大类 农村沼气类

模式一
庭院 / 户用沼气经济循环模式

一、模式背景

湖北省部分丘陵山区的农村传统生活用能主要依赖于煤炭和秸秆、薪柴。这种传统低效高耗的用能模式导致了农村生态环境的恶化，制约了农村地区的社会进步和经济发展。多年来，农村清洁替代能源的开发利用主要集中在沼气的开发和利用方面。庭院 / 户用沼气池因具有投资成本低、收益大、技术简单、使用期长、原材料易取、成本低等优点而广受农民喜爱。我国政府在早年推行的"一池三改"（建沼气池，改厕、改圈、改厨）和生态家园计划中，取得了明显的增收效应和技术进步效应，极大地推动了农村庭院 / 户用沼气的推广应用。随着时代发展，农村分散养殖减少导致原料缺乏，农村常住人口减少导致沼气需求下降等原因导致农村庭院 / 户用沼气使用率快速下降，但在我省宜昌、恩施、黄冈等丘陵、山区的部分地区仍然有着较高的需求和较好的应用。

发展农村庭院 / 户用沼气，通过小型分散养殖畜禽粪污管理方式的改变，可减少甲烷等气体的排放，有效解决丘陵山区农村能源短缺问题，实现良好生态环境和减排固碳效益。在"十四五"期间，湖北省重点推进庭院 / 户用沼气安全生产管理工作，而且积极配合农村"厕所革命"的实施，充分利用已有沼气池实施"沼改厕"，维修、改造闲置沼气池，因地制宜地盘活沼气设施存量，提升使用效率。

二、庭院/户用沼气经济循环模式的技术要点

（一）概述

庭院 / 户用沼气经济循环模式将农村家庭由居住类型和生活类型向经济与生产类型转变，以充分使用庭院中的各类要素开展生产，进行商品交易或替代，从而获取更高的经济、生态与社会效益。该模式又称"一池三改"模式，即将厕所、猪圈、厨房与沼气池同时建设，人畜粪便、生活污水等直接流入沼气池，作为发酵原料，发酵产生的沼气用于生活能源，沼渣、沼液作为优质肥料返还给种植业，种植得到的秸秆、粮食及其加工业产生的副产品作为饲料，提供给畜禽养殖，而畜禽产生的粪污则又进入沼气池，形成了一个较为完整的小型家庭 / 庭院农业生态良性循环系统。庭院 / 户用沼气模式技术路线如图 1–1 所示。

（二）关键技术环节

技术环节1：沼气池建设

沼气池是农村户用沼气建设的核心部分。池型主要是圆筒型水压式沼气池。池容多选用

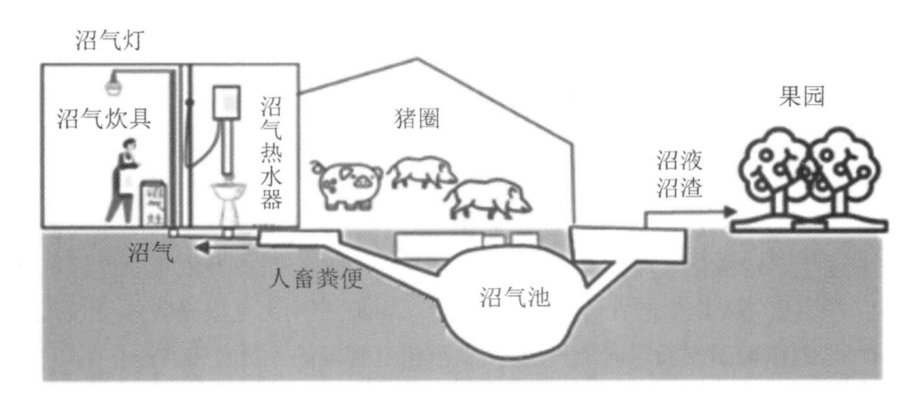

图 1-1　庭院/户用沼气模式技术路线

6 m^3、8 m^3 和 10 m^3 等规格。沼气池主要技术指标设计参数符合《户用沼气池设计规范》(GB/T 4750)的规定。建池选择背风向阳处，沼气池与畜禽舍、厕所相通。沼气池主池选用短圆柱体池身，正削球拱形池顶，小活动盖，导气管由池顶壁引出，反拱形池底，进料口直管进料，进料管在池体中下部斜插，与池壁交角 30°，出料间位于主池一侧，出料间上部为水压间，池体内壁采用《户用沼气池施工操作规程》(GB/T 4752—2016)的四层抹面法做密封层，池体完成后，进行试水、试压密封性检查，保证不漏水、不漏气。

技术环节2：沼气输配系统的安装

室外沼气管道采用 PE 硬管，敷设于地面冻土层以下，坡度不小于 1%，在管道最低处设置凝水器。室内管道安装采用塑料软管连接，并远离火源和电线，调控净化器距离地面 1.5 m 以上，固定于不易碰撞的地方。沼气灶安装于厨房灶台，灶台高 60 cm 左右，灶体距墙面 10 cm 以上，侧面不小于 25 cm。沼气灯距房顶棚 75 cm 左右，距地面 2 m，安装完毕后进行系统的漏气检测，直至合格。

技术环节3：厨房、厕所、畜禽舍的改造

厨房内设固定灶台。灶台用砖垒，用水泥抹面，台面贴瓷砖，地面要硬化，灶台长度大于 150 cm，宽度大于 60 cm，高度在 65 cm 左右。厕所面积在 2 m^2 以上，建在沼气池上部，与进料口相通，蹲位地面高于自然地面 20 cm 以上，墙体用砖砌，用水泥抹面，有条件的可安装冲厕装置。

畜禽舍建在沼气池之上，面积不小于 6 m^2，畜禽舍顶采用混凝土预制或草泥机瓦复合圈顶，坡顶的后仰角为 12°，前坡最小采光角大于 35°，墙体为 12 cm × 37 cm 的保温复合砖墙，后墙不低于 2.1 m，用水泥抹面，畜禽舍地面高出自然地面 10 cm，混凝土现浇，以 3% 的坡度向进料口倾斜。

技术环节4：沼气池进出料管理

农村户用沼气发酵原料有牛粪、猪粪、羊粪以及农作物秸秆，对发酵原料进行池外或池内堆沤。堆沤时间一般夏季 2～4 d，冬季 4～6 d，使用秸秆做发酵原料时，还要用复合菌剂预处理，投料时要速度快并反复搅拌。接种物选用池塘污泥、水坑污泥、粪坑沉渣或人工制取物。接种物数量一般为发酵料液的 10%～30%。向沼气池内加水时水温要达到 20 ℃，沼气发酵料液浓度要控制在 6%～12% 之间，调节 pH 值在 6.5～7.5 之间。沼气池启动 20 d 左右后，适时添加新料，做到勤进料、勤出料、勤搅拌。

技术环节5：强化项目管理，确保安全运行

在庭院/户用沼气池建设技术推广过程中，沼气池正常运行后的日常管理成为决定项目持续良好运行的关键因素。进出料难、管道漏气、管件损坏等问题不断出现，因此，应加强农村服务网点建设等社会化服务工作。

强化户用沼气项目管理应落实属地责任，推进沼气设施管理系统信息录入和隐患排查工作，庭院/户用沼气安全生产网格化管理，做到庭院/户用沼气应录尽录，排查安全隐患，落实整改措施。开展农村庭院/户用沼气安全生产宣传教育、应急能力培训，摄制沼气安全宣传视频，通过微信公众号、各类短视频平台、微信朋友圈等向沼气用户、从事沼气管理的人员宣传。

定期开展“沼气安全生产活动月”等活动，通过“安全宣传咨询日活动”“安全生产大调研活动”“安全隐患排查治理活动”和“安全主题宣传活动”等主题，广泛宣传安全生产方针政策、法律法规、沼气安全知识、应急知识、自救互救知识等。庭院/户用沼气安全使用注意事项如图1–2所示。

图1–2　庭院/户用沼气安全使用注意事项（图片来自网络）

（三）相关标准及规范

相关标准及规范参考《户用沼气池设计规范》(GB/T 4750—2016)、《户用沼气池质量检查验收规范》(GB/T 4751—2016)、《户用沼气池施工操作规程》(GB/T 4752—2016)、《农村家用沼气发酵工艺规程》(NY/T 90—2014)、《家用沼气灶》(GB/T 3606—2001)、《家用沼气灯》(NY/T 344—2014)等。

三、庭院/户用沼气经济循环模式的案例分析

典型案例：宜昌市五峰土家族自治县户用沼气利用模式

（一）基本情况

湖北省宜昌市五峰土家族自治县位于湖北省西南部，是一个少数民族山区县。全县建有 4210 户庭院 / 户用沼气。受乡村建设、农村改厕、地质灾害等影响，现仍在运行使用的有 1096 户。全县建有 30 余个服务网点，每个网点服务周边 300～500 户庭院 / 户用沼气。服务网点有户用沼气相关配件销售，也有专业技术员负责日常沼气池的维护。同时，全县严格落实沼气安全生产，每户发放技术员联系方式和沼气安全使用宣传册，杜绝人工下池出料，每 3～5 年请专业服务队进行沼气池的大换料（收费 70 元 / 立方米），并每年进行不定期的安全检查。

以五峰土家族自治县渔洋关镇桥河村的一处庭院 / 户用沼气工程为例（见图 1-3）来介绍。该案例的沼气池于 2005 年建成，沼气池池容 8 m^3，建造成本（含建材和人工）约 3000 元。沼气池配套建有连接厕所和猪圈的进料管、沼气输气管和沼气净化器，同时自购沼气饭煲、沼气灶用于烧水做饭，自购污水泵用于出渣。发酵原料为该农户的人畜粪便和生活污水，年产沼气约 1800 m^3，沼气池所产沼气用于农户家沼气炊具的炊事燃气用能，年产沼肥约 7 t，沼肥施用于农户庭院周边农田。

图 1-3　“三结合”庭院 / 户用沼气工程实例

（二）运行模式

该农户用沼气发酵原料为庭院内的人畜粪便和生活污水，建议养殖量最多不超过 50 头 / 年。每日对池内原料进行人工搅拌或沼液回冲搅拌，采用污水泵自动抽沼液沼渣用于农户庭院周边农田用肥。

该沼气池每日可产沼气 5 m^3，冬季略低。沼气经脱水脱硫后通过沼气管网用于厨房沼气炊具烧水做饭。户用沼气如图 1-4 所示。脱硫剂每 1～2 年更换一次。脱硫剂价格为 10 元 / 千克。此外，日常需注意沼气管网破损情况，如有破损及时换新，日常运行和维护费用不超过 100 元 / 年。

图 1–4　户用沼气

该沼气池约每半月出料一次，采用污水泵抽送至自家 1 亩菜园作有机肥施用，如图 1–5 所示。沼气池与菜园的距离在 100 米以内为宜。

图 1–5　户用沼气配套的菜园沼肥施用

（三）工程效益

该案例的经济和生态效益主要来自节柴节肥。该农户建设庭院 / 户用沼气池后，每年可节约炊事用薪柴约 2 t，可节约 1 亩地的化肥用量。户用沼气运行物质流及效益分析如图 1-6 所示。

该模式改变了农村粪便、垃圾任意堆放的状况，可以减少蚊蝇的滋生，减少有害病菌的传播，净化环境，提高农民健康水平和生活质量。通过沼气池的建设，充分利用了农户有机生活垃圾，促进了农村改厨、改厕、改圈，把种植、养殖、微生物发酵有机地结合起来，使农村环境得到了改善，从而提高了农民的生活质量，促进了农村可持续发展。

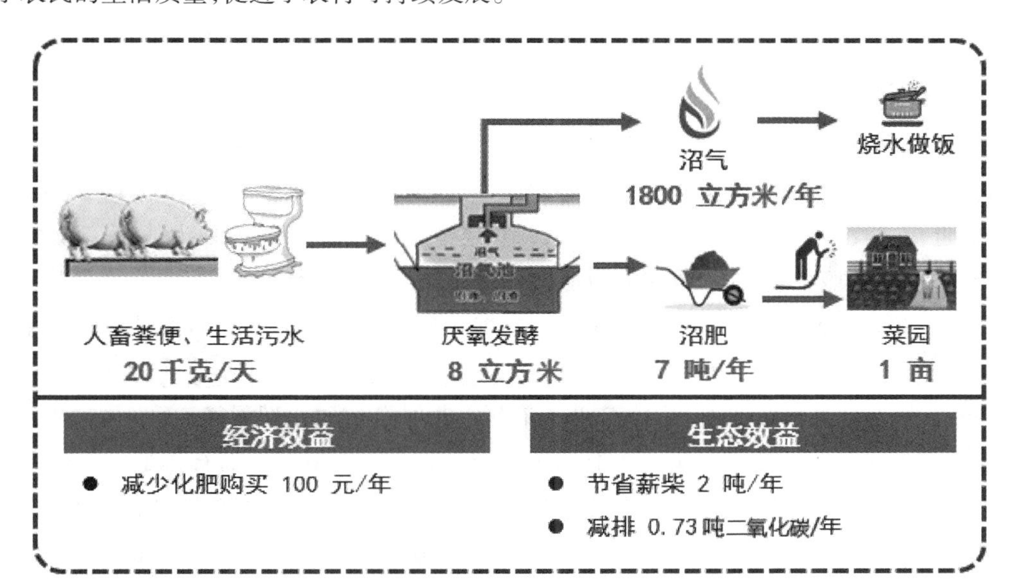

图 1-6　户用沼气运行物质流及效益分析

四、庭院/户用沼气经济循环模式的推广条件

（一）适宜区域

该模式适宜在湖北省武陵山区、大别山区等自然村分布分散、交通不便、难以集中供气的山地或丘陵地区推广。

（二）配套要求

新建庭院 / 户用沼气，应与畜禽圈、厕所相结合，即所谓的“三结合”，便于充分发挥沼气池的生态环境功能，获取更好的效益。在建池的同时，进行改圈、改厕、改厨，即农村沼气项目建设要求的“一池三改”。

建设庭院 / 户用沼气池的适宜条件为农户家中有人长住、全年有畜禽养殖、附近有农田菜地，有利于维持沼气池的稳定运行。

当地政府需要配套专业从事沼气管理的部门和相应岗位的工作人员，对辖区内的沼气池进行网格化管理，保障沼气安全生产和使用。

模式二

生态循环型小型沼气工程模式

一、模式背景

按最新的《沼气工程规模分类》(NY / T 667—2022),厌氧消化装置容积在20～1000 m^3(对应养殖存栏数50～5000猪当量)之间的统一归为中小型沼气工程。发展散户养殖对实现乡村振兴具有重要意义,近年来我国政府提出立足“大国小农”的基本国情农情,以小农户为基础、新型农业经营主体为重点、社会化服务为支撑,发展农业适度规模经营,继续支持以家庭为核心的中小散户适度养殖及“家庭农场培育”计划。在典型丘陵及山区等区域农业发展中,中小规模分散养殖和家庭农场式经营还将持续占有较高比重。

我国目前尚有较大数量的小型沼气工程保有量。2007年我国小型沼气工程为459.06万处,虽然受养殖规模变化及沼气政策影响自2015年后有所下降,但2020年仍保有243.05万处。湖北省小型沼气工程多年来持续发展,具有数量多、技术模式多等特点。2019年湖北省小型沼气工程总池容为90.73万立方米。小型沼气工程作为一种生态处理畜禽粪污的重要手段,将畜禽粪污等有机废弃物变废为宝,把治理污染、可再生能源生产和环境改善有机地结合起来,又因其占地面积少、建设投资少、维护管理方便,具有极强的生命力和发展潜力。

二、生态循环型小型沼气工程模式的技术要点

(一)概述

该模式以小型沼气工程为纽带,上接养殖业,下连种植业,带动两个产业实现绿色可持续性发展。具体技术路线如图2-1所示。利用农户养殖的猪、牛、羊等畜禽产生的粪污进行厌氧发酵无害化处理,产生的沼气用于满足周边农户的日常使用,减少了农户对化石燃料以及柴薪的需求,产生的沼液沼渣作为高质量有机肥,施用于农田、茶园、果园,减少化肥使用,增加土壤有机质,提升农产品品质。

(二)关键技术环节

技术环节1:发酵池建设

小型沼气工程建设中要根据用户对沼气工程功能的不同要求,因地制宜、一池一策。要依据沼气工程现场不同的地形、地势和地质状况,选择适当的池型。要根据原料收集规模,立足当前、兼顾

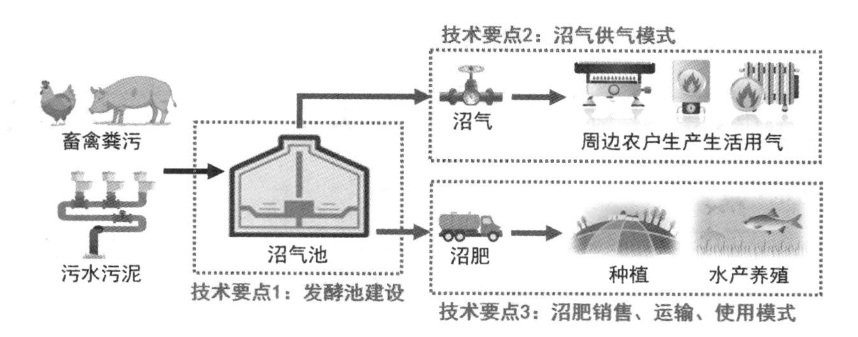

图 2-1　生态循环型小型沼气工程模式技术路线

长远，根据现有原料的来源规模和今后发展的可能，以及用户需求，确定合适的发酵容积，充分发挥池容的效益。

参与小型沼气工程施工的建池技工，必须具有独立建户用池的能力，已取得技术合格证，并在设计人员的具体指导下施工。工程完工后，要及时组织技术人员对工程进行现场验收，检验沼气工程有关容积、设施、配件是否达到设计标准，主池混凝土是否达到规定标号，主池、输气管路气密性以及输气管路管径和灶具能否满足用户用气要求。

技术环节2：沼气供气管网建设

对发酵间和储气室同处一室的地埋式沼气工程，要正确选择储气室的容积，防止雨季或沼气用完后原料冲洗入池，导致储气容积减少，影响产气效果。根据不同的池容、用气方式和距离，选用配套的输气管材、管径及配件，确保输气管路的畅通，降低故障发生频率，并定期安排人员对输气管道和用户家中用气设备进行检修。

技术环节3：沼肥输送体系建设

沼肥自用时注意沼气池的选址，应方便沼肥运输。最好将沼气池建设在用肥农田的高处，利用地势高差自流，减少运输成本。沼肥销售时最好在前期与购买方签订长期稳定的供肥合同。供肥运输半径在 10 km 以内为宜。

沼液水肥一体化利用方式借助滴灌进行灌溉和施肥，集微灌和施肥为一体，通过建设新型微灌系统，在灌溉的同时将沼液、肥料配兑成肥液一起输送到作物根部土壤。利用前需要对沼液进行处理，去除其中的固态物，修建沼液沉淀过滤槽，选择合适的过滤器，防止滴孔堵塞。施肥结束后要继续滴半小时清水，将管道内残留的肥液全部排出。该技术适用于农田、茶园、林果园和设施农业等应用，主要优势作物是蔬菜、瓜果和花卉等。

（三）相关标准及规范

相关标准及规范参考《沼肥施用技术规范》(NY/T 2065—2011)、沼气工程技术规范(NY/T 1220)、湖北省《小型沼气工程设计、施工及验收规范》(DB42/T 1342—2018)等，以设计合理、美观实用、质量过硬、操作简单、维修便捷为原则，制订项目实施方案，确保该模式能最大限度满足农业生产、农业废弃物处理、农村生活用能等功能要求，成为易复制、好推广、可持续低碳的生态循环农业模式。

三、生态循环型小型沼气工程模式的案例分析

典型案例1：湖北荣喜能源环保公司——无动力自搅拌厌氧发酵技术

（一）基本情况

湖北荣喜能源环保建设有限公司成是一家专业从事农村污水、农村废弃物(作物秸秆、畜禽养殖污水、餐厨垃圾、生活垃圾)的处理、综合利用,以及生态有机农业技术开发、设计、工程施工及技术服务的企业。公司依托“无动力自搅拌破壳厌氧发酵装置”专利,研发新型动态厌氧发酵池型及建池技术,具有自动搅拌、自动破壳、自动出渣、占地面积小、建设费用低、出水水质好的优点,实现自动全方位无动力自搅拌厌氧发酵,提高了产气率,解决了传统沼气工程建设中的搅拌能耗大、发酵不充分、出渣难、运维成本高等难题。同时发酵装置集进料、发酵、储气、出料于一个圆柱形整体中,具有受力强、节约土地、施工方便、易于管理等特点。

该技术经过近五年的转化和推广应用,已在黄冈市蕲春县建设了10个粪污处理中心,在湖北武汉、黄冈、黄石、恩施,江西都昌,安徽太湖等地建设了200多处容积共20多万立方米的沼气工程(见图2–2)。通过该技术项目的应用,为国家节省了项目资金3亿余元,推动了农业农村低碳循环经济发展。在技术开发的同时,带动了就业,培训了沼气技术人员及维护人员1000余人,服务农户10000多户。

图2–2 粪污处理中心

（二）技术要点

无动力自搅拌小型沼气发酵装置为圆柱形整体现浇钢筋混凝土结构。上圆拱将水压室与发酵室隔开,并沿圆周安装6～8根ϕ110 mm的连通管,实现产气和用气时水压室与发酵室之间液体的

上溢和下流功能。无动力自搅拌破壳厌氧发酵装置示意图如图 2-3 所示。发酵装置单罐容积可以在 50～2000 立方米之间,罐体可以并联形成大容积。沼气输出气压为 10～15 kPa,沼气装置耐压大于 20 kPa。

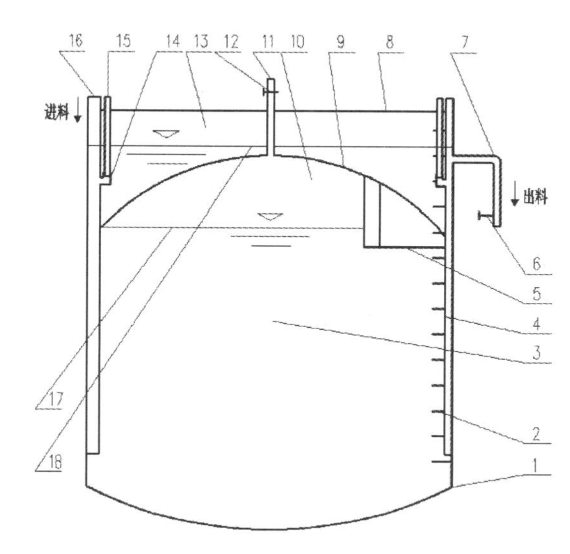

图 2-3　无动力自搅拌破壳厌氧发酵装置示意图

1—发酵罐体；2—爬梯；3—发酵室；4—连通管；5—人孔；6—出料管开关；7—出料管；8—顶盖；9—池顶；10—储气室；11—排气管；12—排气管开关；13—顶返储液池；14—弯头；15—管式开关；16—进料管；17—发酵室液面；18—顶返储液池液面

相比传统沼气装置,该技术将发酵罐罐体分隔成上下两部分,上部 1/5 为水压间,下部 4/5 为发酵间。两部分之间用多根连通管连通,两侧装有进料管和出料管。无动力自搅拌破壳厌氧发酵装置示意图如图 2-4 所示。

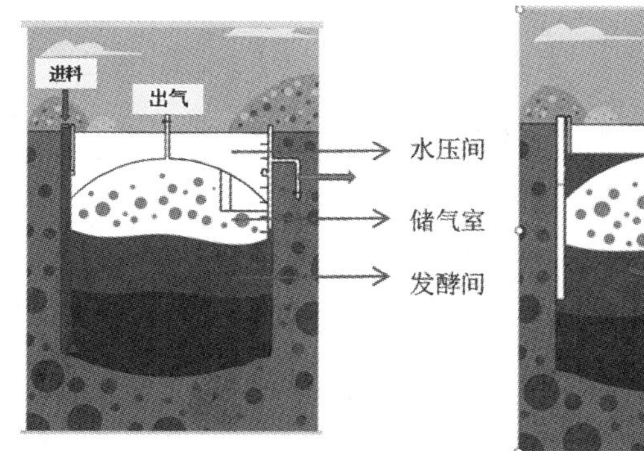

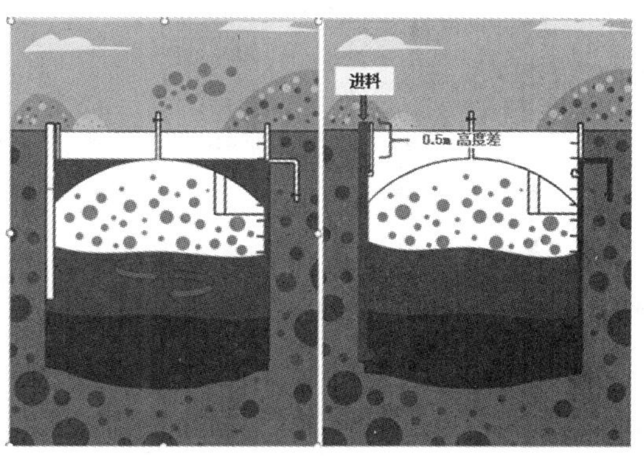

图 2-4　无动力自搅拌破壳厌氧发酵装置示意图

产气时储气室形成正压力,气压将发酵间的液体通过连通管压向水压间,用气时储气室压力下降,水压间的液体又回到发酵间,实现自动水力搅拌。连通管有多根,可以实现均匀搅拌。进料时利用进料管与出料管的高度差将池底沉渣排出,实现自动出渣,解决了出渣口堵塞、出渣困难的问题,也大大避免了人工清渣可能导致的二氧化碳中毒等潜在安全问题。这些创新使得该装置操作维护简单,运行稳定,大大降低了沼气工程运行的安全隐患,深受用户欢迎。

技术工艺特点：①实现全方位动态发酵，发酵无死角，产气率提高约30%；②实现自动搅拌破壳，解决了机械搅拌的高能耗问题；③实现自动排渣，确保长期稳定运行；④钢模施工，一体式浇注，建设周期缩短50%；⑤占地面积比传统沼气池小50%左右；⑥建造成本较传统沼气发酵罐低30%～40%，为800～1000元/立方米；⑦发酵充分，寄生虫卵等有害病菌杀灭率大于95%；⑧出水COD在2000 mg/L以下，固体杂质含量极低，沼液可直接用于农田微灌，无堵塞现象。

（三）技术效益

应用该技术建造的新型沼气工程，具有全自动搅拌厌氧发酵、占地面积小、不受地形限制、搅拌无能耗且充分等特点。沼气工程的建设和运维成本相比于传统沼气工程降低了30%，占地面积减少了50%，产气率提高了30%以上。该技术的应用可有效处理农业农村的养殖业废弃有机物、厕所粪污、餐余垃圾、青绿秸秆等，改善农村环境。产生的沼气可供周边农户使用，减少了薪柴、煤炭等燃料；沼液中的COD浓度可降至2000 mg/L以下，悬浮性固体物质含量SS较低，出水水质清澈，可以直接用于农田管网微灌，无堵塞情况。

典型案例2：宜昌市五峰良种场“猪—沼—茶”农业模式

（一）基本情况

该案例结合宜昌市五峰土家族自治县当地“中国名茶之乡”的产业特色，以五峰土家族自治县的茶叶优势为载体，以沼气工程为纽带，大力推广沼肥种茶生态循环农业模式，作为低碳绿色农业的发展方向。目前全县累计建成小型沼气工程74处，沼肥应用的生态循环农业面积达60万亩。

五峰良种场分水岭分场小型沼气工程（见图2–5）于2018年建成投入运行，发酵池容积为300 m^3，年处理化粪池、下水管道中的污水污泥约500 m^3，年产沼气30000 m^3，年产沼肥350 t以上，沼气供生活生产用气，沼肥主要供20亩茶园施用。

（二）工程概况

该项目由五峰土家族自治县能源办出资建设，托管给五峰良种场分水岭分场承担实际运营。工程采用“地下式常温厌氧反应器＋湿式储气柜”为核心的处理工艺。主体工程为1座300 m^3的发酵池，配套建设粪污收集池30 m^3、储气罐20 m^3、110 m^3沼肥储存池2处，以及4000 m的沼气沼肥输送管网。

（三）运行模式

沼气工程发酵原料为县城宾馆等生活场所的化粪池和下水管道中的污水污泥，原料由当地环保部门组织专用罐车（3或5立方米/车）托运，每月拖运2次，一次约20 m^3，沼气工程运营单位无需支出原料收集费用。

该工程所产沼气用于茶园内的生活（烧水做饭）用能以及生产时期（4—5月）的茶叶炒制和烘干用能。沼气利用每年可以减少生活用罐装液化天然气7罐（110元/罐）。用沼气炊具做饭如图2–6所示。平时柴火炒茶需要2人，沼气炒茶仅需1人，可降低人工成本，全年沼气利用可替代4～5 t木柴。

图 2–5　五峰良种场分水岭分场小型沼气工程

图 2–6　用沼气炊具做饭

沼肥大部分用于茶园种植，部分用于菜园种植。茶园面积 20 亩，根据茶树生长需肥特性，每年施肥 3 次，每次施用 4～5 吨 / 亩，采用泵送软管浇灌施肥，沼肥施用时利用高差自流，节省电费，茶园施用沼肥现场如图 2–7 所示。由于沼肥的养分浓度较低，每次施肥需要比常规化肥施用时多雇佣 5～6 人（150 元 / 人）进行浇灌施肥，增加了人工成本，但同时每年可减少化肥购买成本 6000 元左右。增加的人工成本与减少的化肥成本基本持平。此外，沼肥施用显著提高了茶园的产量及品质，提高了抗旱能力。多余的沼肥由附近的沼气能源合作社拖走施用，沼肥免费供应。

图 2–7　茶园施用沼肥现场

（四）工程效益

该沼气工程每年可减少化肥、农药施用量 300 t 以上，节约生活用柴 400 t 以上，每年可节省燃气、电费、柴薪支出 800 元左右，每亩茶园减少生产投入 500 元以上，同时增产 10%，提质增收 20%。沼气为农户提供清洁能源，减少对煤、柴的依赖，保护了森林资源，调整了能源利用结构，达到了减排固碳的效果。案例项目整体运行物质流及效益分析如图 2–8 所示。

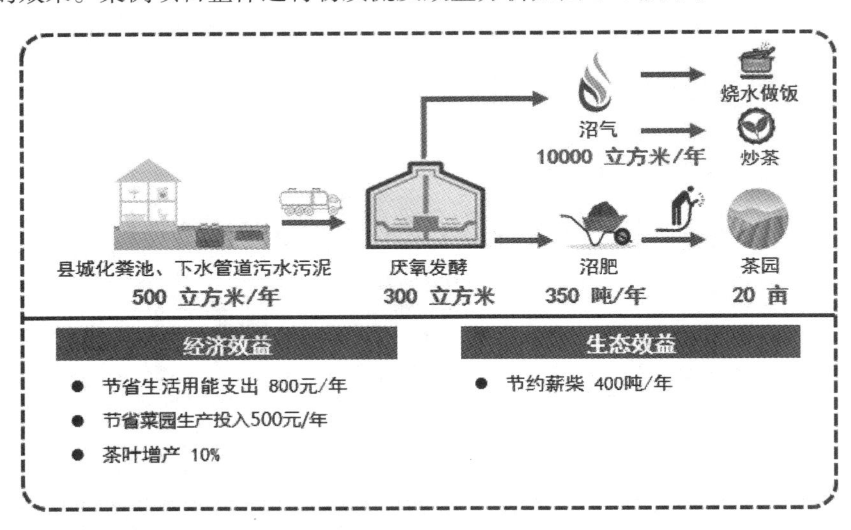

图 2–8　案例整体运行物质流及效益分析

典型案例3：鄂州市鄂城区“鸡—沼—果/渔”农业模式

（一）基本情况

以鄂州市鄂城区流范村小型沼气工程为例，该案例沼气工程的沼气池规模 600 m^3，日处理鸡粪约 2 t，日产沼气 100 m^3，日产沼肥 2 t 左右，集中供气给周边 2 个自然湾的 90 户农户，沼肥用于工程周边 10 km 的果园种植和鱼塘养殖，由鄂城区沼气服务站统一管理运行。

（二）工程概况

该工程案例多采用“地下式常温厌氧反应器 + 分体储气柜”为核心的处理工艺，全年正常产气。

该工程主体工程为 3 座 200 m^3 的发酵池，埋深 5 m，由于当地地下水位较高，沼气池需做好防水施工，成本会相应提高 10% 左右，小沼工程土建成本为 600 元 / 立方米。配套建设 1 座 50 m^3 原料净化池和 1 座 100 m^3 的沼肥储存池用于冬季（农闲季节）沼肥的存储，这两池的土建成本为 400 元 / 立方米。另外购有 1 套沼气净化设备，2 座 30 m^3 的分体储气柜，供气管网及其他安全设备等，合计购置成本约为 300 元 / 立方米。

该项目总投资约 40 万元，其中建筑投资约 35 万元，设备及管网建设投资约 5 万元。项目建设资金主要源于政府专项资金和企业自筹。

（三）运行模式

沼气发酵原料来自周边养鸡场，从贮存设施自流入沼气发酵池，无须专业收集人员，鸡场常年存栏量约 2 万只，日均处理鸡粪 2 t，未产生原料收集费。

沼气利用该工程自建管网输送至周边 2 个自然湾，共 90 户，沼气收费标准为 1.6 元 / 立方米。沼气收入与管网维护成本基本持平。由于用户用气量不稳定，计划集中供气之外的沼气用于发电上网，收益约为 1 元 / 立方米。

根据农户和养殖户的需求，由鄂城区沼气服务站安排运输车至就近的沼气站拖运沼肥，服务时间（装车、运输、卸车）1 h 内、运输半径 10 km，沼肥售价为 40～50 元 / 吨。其中 30% 的沼肥出售给周边果园用作肥料，大部分果园采用泵送软管浇灌沼肥，部分葡萄园采用沼液滴灌技术；70% 的沼肥出售给周边的鱼塘用作饲料，5 月至 11 月每月用 2 次，每次 1 亩池塘约 10 m^3 沼肥，可以有效减少约 40% 的饲料投入，提高鱼的品质。附近农户自己拖运沼肥使用不收取沼肥费用，可解决沼肥消纳问题。

沼气服务站所属合作社有固定员工 10 人，1 个员工可管理 3～5 个沼气站，每个沼气站支出人员工资为 1000 元 / 月，配有 3 m^3 和 5 m^3 的沼肥运输车各 1 台，购置成本分别为 7 万元和 12 万元。沼气工程运行维护（进出料用电、脱硫剂更换、车辆保养维修、油费等）费用约 2 万元 / 年。

项目建设与日常运行维护成本及沼气产品收益明细如表 2–1 所示。

表 2–1　项目建设与日常运行维护成本及沼气产品收益明细

项目建设与日常运行维护		成本	沼气产品收益	收入
建设投入	沼气池	36 万元	沼气销售	6 万元 / 年
	净化池	2 万元	沼肥销售	3.6 万元 / 年
	储存池	4 万元		
	供气设备等	3 万元		
	沼肥运输车	19 万元		
运行成本	日常运行维护费用	2 万元 / 年		
	人员工资	1.2 万元 / 年		

（四）工程效益

该案例示范项目年运行成本 3.2 万元，沼气销售收益 6 万元，沼肥销售收益 3.6 万元，年利润 6.4 万元。鄂城区小沼工程案例项目整体运行物质流及效益分析如图 2-9 所示。

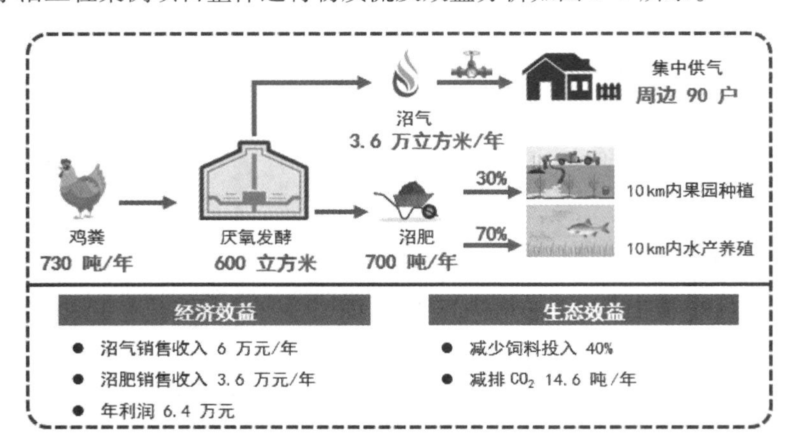

图 2-9　鄂城区小沼工程案例项目整体运行物质流及效益分析

典型案例4：黄冈市团风县“鸡—沼—果/渔”农业模式

（一）基本情况

团风县农村沼气工程区域高效循环利用模式经十余年发展，已累计建设小型沼气工程 100 余处，有效容积 4.5 余万立方米，年产沼气 300 余万立方米，集中供气用户 1.1 万户，每年可产生沼肥 15～20 万吨；开展“三沼”综合利用，沼肥综合利用面积达 2 万亩，每年可节支增收 150 万元以上。

该县共成立 7 个专业合作社，按照辐射半径和沼气工程及用户数，划分服务区域。以合同的形式成片分包各处沼气工程的后续管理工作，确保沼气工程建设后期的管理和维修工作正常开展。

以该县杨林湾村小型沼气工程为例，单个沼气池建设规模 400 m^3 左右，日处理鸡场粪污废水 5 t，日产沼气 100 m^3 以上，日产沼肥 5 t 以上，目前集中供气给周边 8 km 范围内的 80 户农户，沼肥用于工程周边 6 km 内的菜地种植和鱼塘养殖。

（二）工程概况

该工程由当地养鸡场建设，由养鸡场与合作社共同运行管理。该沼气工程采用“地下水压式常温厌氧反应器 + 一体式储气柜”为核心的处理工艺，如图 2-10 所示为团风县小型沼气项目建设现场。主体工程为 1 座 400 m^3 的发酵池，建设成本 1000 元 / 立方米，埋深 8.5 m，保证发酵温度全年稳定在 15 ～18 ℃，一年四季均衡产气。配套建设 1 座 30 m^3 原料沉砂池和 1 座 30 m^3 沼肥储存池，建设成本 400 元 / 立方米。另外购置沼气净化设备（1 万元）、供气管网（1300 元 / 户，共 80 户）以及沼肥运输车 4 台（2 台 4 m^3，10 万元 / 台；2 台 6 m^3，15 万元 / 台）。

该项目总投资约 70 万元，其中建筑投资 60 万元，设备及管网建设投资 10 万元。项目建设资金主要源于政府专项资金和企业自筹，申请国家专项补助和地方政府配套扶持资金 50 万元，企业自筹 20 万元。

图 2-10　团风县小型项目建设现场

（三）运行模式

沼气工程发酵原料来自业主自建的养鸡场。鸡场常年存栏量约 4 万只，无须另行聘请原料收集人员，未产生原料收集费用。

该工程自建管网将沼气输送至周边 8 km 内的 80 户农户。团风县农村能源办公室出台了供气供肥补贴办法，根据农户实际用量，实行补贴政策，补贴直接到合作社，用气户按 1.5 元 / 立方米交费，年终县能源办公室根据供气量按 0.5 元 / 立方米对专业合作社进行补贴。每个用户均安装了沼气流量表，专业合作社按用气量收费；其费用主要用于沼气池进出料、管网维护和灶具维修，并支付管理人员工资。

沼肥由企业和合作社的专用运输车运送，运输车作业现场如图 2-11 所示，运输半径 6 km 左右，沼肥售价为 25～40 元 / 吨，并按 10～20 元 / 吨直接补贴到供肥的专业合作社。沼肥用作周边菜地的肥料，菜地自建 20～30 m^3 的储肥池，菜地多采用泵送软管浇灌沼肥，部分菜地采用沼液滴灌技术。该沼液在使用前需通过三级过滤池去除杂质，防止堵塞。沼肥通常用作基肥，在一茬蔬菜种植前施用，施用量为 3～4 吨 / 亩。沼肥运输车每年固定支出 1 万元 / 台，每年耗材更换及燃油费约 2 万元 / 台，共 4 台车，沼肥运输车运行费用合计 12 万元 / 年。该沼气工程运行的水电费约 1000 元 / 年。

图 2-11　运输车作业现场

项目建设与日常运行维护成本及沼气产品收益明细如表 2-2 所示。

表 2-2　项目建设与日常运行维护及沼气产品收益明细

项目建设与日常运行维护	成本	沼气产品收益	收入
沼气池	40 万元	沼气销售	5.5 万元 / 年
沉砂池	1.2 万元	沼肥销售	7 万元 / 年
储存池	1.2 万元		
沼气净化设备	1 万元		
供气管网	10.4 万元		
沼肥运输车	50 万元		
日常运行维护费用	12.1 万元 / 年		

（四）工程效益

该案例示范项目年运行成本 12.1 万元，沼气销售收益 5.5 万元，沼肥销售收益 7 万元，年利润 0.4 万元。

此外，通过小型沼气工程集中供气建设，给示范村带来了显著变化。一是村庄环境由原来的“脏、乱、差”变为现在的“整、洁、美”；二是优化了农民生活用能，有效减少了柴薪耗量；三是优化了农业模式，通过用沼肥提高产量的同时有效降低了化肥的使用量。

团风县小沼工程案例项目整体运行物质流及效益分析如图 2-12 所示。

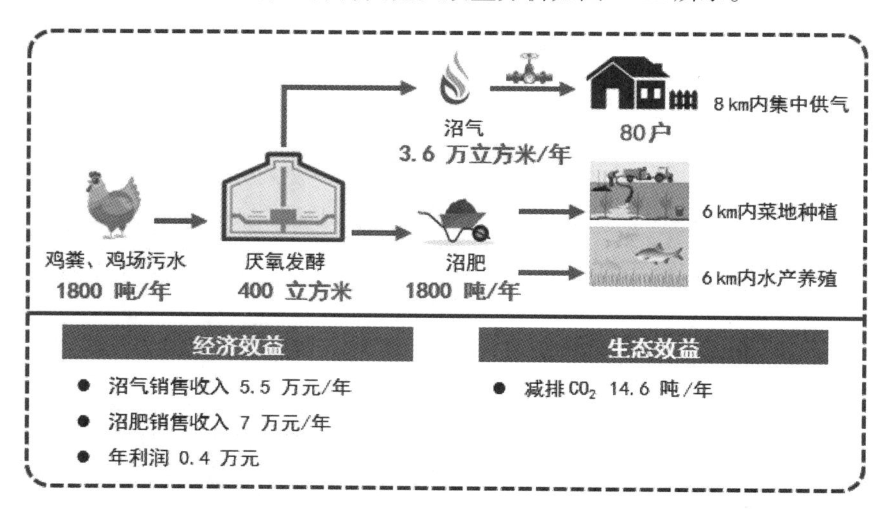

图 2-12　团风县小沼工程案例项目整体运行物质流及效益分析

四、生态循环型小型沼气工程模式的推广条件

（一）适宜区域

该模式适宜在平原与丘陵地区推广，适宜有条件建设或已建有小型沼气工程、发酵原料运输距离 10 km 内、周边 10 km 内有配套农业种植（例如蔬菜、茶园、果园等）或鱼塘的区域。

（二）配套要求

沼气池在建设前需要合理规划。沼气池建设应在靠近原料收集地、靠近供气村镇、靠近种植基地这三类中结合当地实际情况进行合理选址，确保发酵原料稳定供应。沼气管网需要专人负责日常检修维护。需配套购置抽渣车进行沼肥运输或者铺设输肥管网，同时与沼肥买家签订合同，确保沼液沼渣的稳定出料。

模式三
大型沼气工程低碳节氮循环型高效生态农业模式

一、模式背景

大型沼气工程上接畜禽养殖业，下连种植业，是发展养殖业和种植业之间最佳的“接口技术”。在发展低碳循环农业中，沼气工程起到了重要纽带作用。它以农业废弃物为原料，将畜禽粪污转化为优质农业资源，为农村居民提供沼气清洁能源，为种植业就近提供有机肥，实现了区域农业废弃物生态消纳和资源高效利用。

以规模化养殖小区为依托，大力推广以沼气工程为纽带的低碳循环农业，促进生态养殖、绿色种植的有效对接，做到养殖场粪污无害化处理、零污染排放，生产基地农药化肥减量施用和沼气能源高效化利用，充分发挥沼气工程“能源生产、污染防治、生态循环”三位一体的功能效应。一是实行了厌氧发酵无害化处理，解决了畜禽养殖粪污问题，改善了农村生态环境。二是推进了沼肥替代化肥使用，减少了化肥过量使用，提高了农产品质量和土壤肥力。三是提供了沼气清洁能源，改善了农村用能结构，减少了农村温室气体排放。

二、大型沼气工程高效生态农业模式的技术要点

（一）概述

大型沼气工程不仅是一个生物燃气生产装置，而且是一个有机肥“造肥车间”和畜禽养殖粪污“处理车间”。大型沼气工程低碳循环农业技术，以规模化养殖小区为依托，建设在农户集中居住点附近，方便集中供气，同时，增加搅拌回流装置、增温系统、监控及定时控制设备，提高沼气工程的产气率和自动化率。在水肥流失较严重的园区，推进农机农艺结合，因地制宜推广沼肥机械深施等技术，从沼气工程发酵罐底部取出沼渣，利用沼肥抽排车将沼渣施用于作物，作底肥使用。

沼气可通过供气管网供给周边农户生产生活用能或养殖场自用。在基础设施条件和天燃气需求具备的地方，可将沼气提纯净化后输入城镇天然气管网，提纯净化制备高品质生物天然气，沼气提纯后达到工业天然气标准，直接加压输入附近城镇输气管网，使用已有城镇天然气管网，成本较低，产品销售有保证，具有较高的经济效益。

大型沼气工程发电，可供养殖场生产用电或周边农业生产用电。沼气发电技术是集环保和节能于一体的能源综合利用技术。它是利用厌氧发酵处理产生的沼气，驱动沼气发电机组发电，用于企业生产，并可将发电机组的余热充分用于沼气生产，综合热效率达 80%。沼气发电技术提供了清

洁电能，不仅解决了沼气工程中的环境问题，而且减少了温室气体的排放，而且变废为宝，可产生大量的热能和电能，符合能源再循环利用的环保理念。大型沼气工程低碳节氮循环型模式路线如图3-1所示。

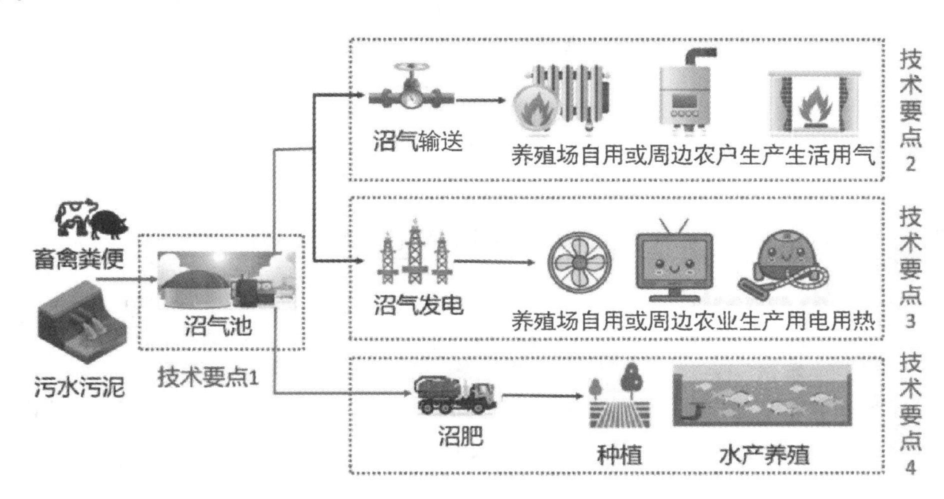

图 3-1　大型沼气工程低碳节氮循环型模式路线

（二）关键技术环节

技术环节1：厌氧发酵恒温保证

从降低能耗出发，回收压缩余热二次利用，将高温的水回流至发酵罐，同时利用空气能热泵取代常规锅炉增温做补充，使发酵罐常年保持中温(35 ℃＋ 2 ℃)发酵。

技术环节2：沼气提纯供气模式

采用低合金钢管焊制而成的高压管束取代常规大型干湿式气柜，通过特种设备检验检测所检测后，作为气源储备设施，可存储成品气 10000 m^3 以上，保证气源供应稳定。也可将沼气提纯净化后并入天然气管网，沼气含甲烷率 65% 左右，平均 2 m^3 沼气可以提纯 1 m^3 生物天然气，将沼气提纯到 92% 以上，并入城镇天然气管网。

技术环节3：沼气供电模式

将沼气进行沼气发电或热电联产，供应养殖场生产用电用热或周边农业生产用电用热企业的日常生活及生产用电，实现沼气就地高效利用避免了过剩沼气直接排放对环境造成二次污染，为企业节省大量电费，降低生产成本。

技术环节4：沼液智能化灌溉

沼液智能化灌溉系统主要由沼液水肥元素供给站、沼液智能化灌溉系统总控、田间管网、灌溉器和田间分区管理机这五个部分组成。利用“人工智能 + 互联网”技术，结合灌溉系统，将沼液按比例稀释，实时检测沼液氮磷钾含量，适时、适量地满足农作物对水分和养分的需求进行灌溉与施肥，达到水肥同步管理、节水节肥及增产的目的，且能够分解沼液中难溶的大分子有机质，较大程度减少管网堵塞的问题，实现沼液有机肥高效益利用。

（三）相关标准及规范

相关标准及规范参考《大中型沼气工程技术规范》(GB/T 51063—2014)、《规模化畜禽养殖场沼气工程运行、维护及其安全技术规程》(NY/T 1221—2006)、《规模化畜禽养殖场沼气工程设计规范》(NY/T 1222—2006)、《沼气工程技术规范》(NY/T 1220—2006)、《城镇燃气设计规范》(GB 50028—2020)等。

三、大型沼气工程高效生态农业模式的案例分析

典型案例1：宜昌市夷陵区大型沼气工程低碳循环农业

（一）基本情况

夷陵区是全国生猪调出大区。夷陵区在分乡镇的宜昌家家有畜牧有限责任公司示范推广了以大型沼气工程为纽带的低碳循环农业技术，沼气工程年产沼气 60 万立方米，一是自用养殖场生产生活供热保温；二是集中供气 125 户；三是用于 150 kW 沼气机组发电。沼液通过 200 mm PE 管网运输到下游蔬菜、油菜和玉米生产基地，应用面积 1000 亩以上。

该工程由宜昌家家有畜牧有限责任公司建设维护，技术依托武汉致力健康能源环保工程有限公司指导。图 3-2 为宜昌家家有畜牧有限责任公司沼气工程。该沼气工程一期于 2008 年在分乡镇高场村建成，2009 年开始运行，二期于 2016 年投资建设，沼气发酵罐规模达到 2500 m^3，日处理猪粪、猪场污水约 80 t，日产沼气 2000 m^3，日产沼肥 80 t，沼气供 125 户农户生活生产用气，沼肥主要供蔬菜、油菜和玉米生产基地施用，沼肥管网覆盖 5000 亩，其中 2000 亩为蔬菜基地，其余 3000 亩为粮食作物基地。沼液常年灌溉面积约 1000 亩，蔬菜基地建有储液池和灌溉系统，沼液灌溉前须建有过滤系统。

图 3-2　宜昌家家有畜牧有限责任公司沼气工程

（二）工程概况

1.工艺技术路线

(1)沼气工程建设。

大型沼气工程应提高沼气工程的产气率和自动化率。配置搅拌回流装置、增温系统、监控及定

时控制设备。

(2)沼渣沼液利用。

推广大型沼气工程低碳循环农业技术，关键要利用好沼渣沼液，发挥已建沼气工程的纽带作用，促进规模养殖业主与各种植大户、专业合作社上下联通，将沼渣沼液施于园区，减少化肥用量。

(3)沼气发电技术。

经厌氧发酵处理产生的沼气，驱动沼气发电机组发电，用于企业生产，并可充分将发电机组的余热用于沼气生产，综合热效率达 80%。

宜昌家家有畜牧有限责任公司沼气项目工程工艺流程如图 3–3 所示。

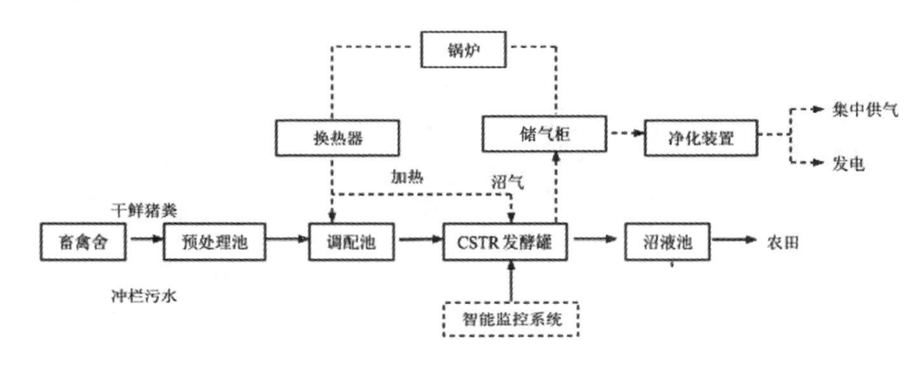

图 3–3　宜昌家家有畜牧有限责任公司沼气项目工程工艺流程

2.建设内容及配套设备

该大型沼气工程的主体工程为 2 座 500 m^3 CSTR 厌氧发酵罐、1 座 1000 m^3 CSTR 厌氧发酵罐、1 座 500 m^3 的沉淀池。

该项目采用连续多级厌氧处理为核心的处理工艺，将干湿猪粪分别投入 1 号、2 号 CSTR 厌氧罐发酵，2 号厌氧罐水泡粪溢流到 1 号厌氧罐，1 号厌氧罐溢流到 3 号 CSTR 厌氧罐，水力滞留时间增加，厌氧发酵反应进行得充分完全，沼液由 3 号厌氧罐溢流到 4 号沉淀池，沉淀池定期用抽渣车抽渣。图 3–4 为物料流通示意图。

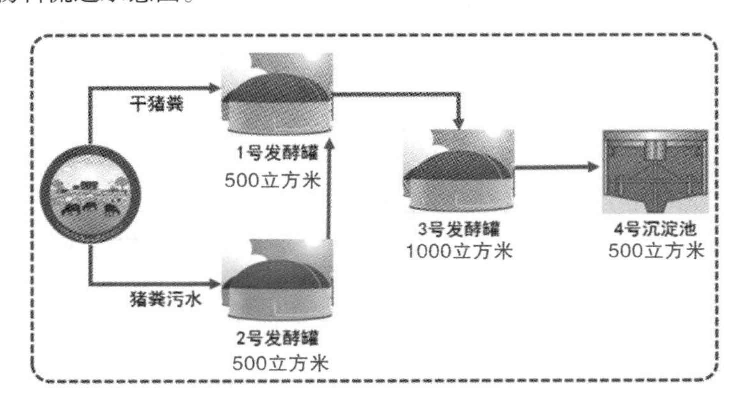

图 3–4　宜昌家家有畜牧有限责任公司大型沼气工程物料流通示意图

另外，该工程铺设了 200 mm PE 沼液输送管网 6800 m，配套建设 2 个 600 m^3 储气柜，一台 150 kW 的沼气发电机组，不锈钢沼气净化设备 2 套，500 m^3 沼肥沉淀池，3 座 100 m^3 减压池，覆盖下游5000亩良田。

3.项目投资及资金构成

该项目总投资1250万元。项目建设资金主要源于政府专项资金和企业自筹，其中一期投资450万元；二期投资480万元。沼液管网6800 m，实现全区贯通，沼液储存池、减压池等相关配套设备投入300余万元。

（三）运行模式

宜昌家家有畜牧有限责任公司沼气工程运行流程如图3-5所示。

图3-5 宜昌家家有畜牧有限责任公司沼气工程运行流程

1.模式特点

(1)运营专人负责制。

沼气工程运维管理主要分为场内管理和场外管理。场外供气管网由村里负责人员维护，场外沼气工程管理由一人负责，主要是负责每月出渣，运营维护，设备材料更换，职责分明。

(2)供气模式。

沼气工程所产生的沼气以自用为主，兼顾农户。主要用于养殖场的保温以及发电来维持厂内的用电，多余的沼气提供给3 km内的农户。

(3)沼肥种养结合。

铺设沼液输送管网。铺设200 mm PE管道输送到农田，每50 m设置一个转换接头，再由农户自接63 mm PE管道到农田。沼肥消纳农田1000亩，沼液自流5 d，每亩大概消纳30 m^3，实现种养结合。

2.原料收集

宜昌家家有畜牧有限责任公司有 1000 头母猪，每年产 25000～28000 头生猪，其中 6000～9000 头生猪育肥，原料主要是养殖场自有畜禽粪便。

3.工程运行能耗

该沼气工程所在海拔 350 m，农田海拔 150 m，利用高差建设了 3 个 150 m^3 的贮液池实现无动力自流，节约了水泵的电费。养殖场供热保温用能主要由沼气提供，另外将多余沼气进行沼气发电，供应企业的日常生活及生产用电。

4.产品规模

产品主要包括沼气供热保温、沼气发电、沼气供农户、沼肥还田。沼气主要为养殖企业的生产和生活提供便利，为养殖场小猪供热保温，其次为周边 125 户农户提供了清洁环保的沼气能源。再多余的沼气用于 150 kW 的沼气发电机组发电，为企业节省大量电费、降低生产成本，所发电能供应企业的日常生活及生产用电，从而避免了沼气直接排放对环境造成二次污染。该项目沼气使用明细如表 3–1 所示。

表 3–1　宜昌家家有畜牧有限责任公司沼气使用明细表

沼气量	占比	用途
11 万立方米 / 年	15%	保温
56.5 万立方米 / 年	77.4%	发电
5.5 万立方米 / 年	7.6%	供农户

沼肥通过 200 mm PE 管网，使地处下游的生产基地的 1000 亩农田直接用沼肥作肥料，每年不仅减少化肥使用 160 t，而且提高蔬菜产量品质，为宜昌城区提供安全生态绿色蔬菜产品。

（四）工程效益

1.经济效益

养殖场内沼气工程安排 1 名专人负责，工资支出 6 万元 / 年；农户供气管网由供气村庄当地专人负责管理维护，工资支出 2 万元 / 年；沼气工程养殖场内部运行维护任务包括每月出渣、更换材料、更换设备等，支出约 5 万元 / 年。场外供气供肥管网维护维修成本约 2 万元 / 年。维护管理费用合计约 15 万元 / 年。

沼气工程每年可减少化肥施用量 160 t 以上，周边农户每年可节省燃气、电费、柴薪支出 1500 元左右。工程配套了一台 150 kW 的沼气发电机组，将多余沼气进行沼气发电，供应企业的日常生活及生产用电。沼气工程可实现年收入 103 万元，其中发电收入 10 万元(0.6 元 / 度)，沼气供养殖场保温收入 85 万元，沼气供农户收入 8 万元，沼肥收入 30 万元，投资回报率 11.8%，投资回收期 8.5 年。项目运维成本及收益明细如表 3–2 所示。

2.社会及生态效益

沼气为农户提供清洁能源，减少对煤、柴的依赖，保护了森林资源，调整了能源利用结构，降低二氧化碳排放 237.57 吨 / 年，实现减排固碳的目标。

案例项目整体运行物质流及效益分析如图 3–6 所示。

表 3–2　项目运维成本及收益明细

运行维护支出	费用	产品销售	收益
运营维护	6 万元 / 年	沼气	103 万元 / 年
管网维护	2 万元 / 年	沼肥	30 万元 / 年
消耗品更换	5 万元 / 年		
其他支出	2 万元 / 年	农户节省	19 万元 / 年
合计	15 万元 / 年	合计	152 万元 / 年

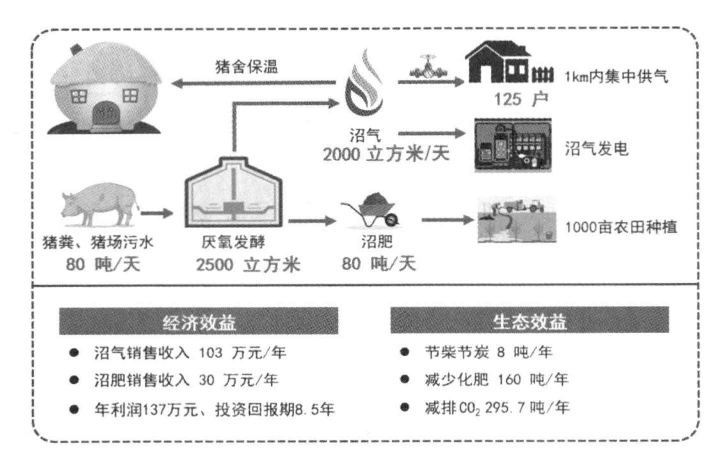

图 3–6　案例项目整体运行物质流及效益分析

典型案例2：公安县农村沼气高值利用模式

（一）基本情况

公安县地处长江中游江汉平原南部。全县耕地面积 120.5 万亩，年产水稻、棉花、油菜等农作物秸秆近 140 万吨，规模化养殖场和养殖小区 1000 多处，初步估算年畜禽粪便及生活污水排放量在 200 万吨以上。2020 年公安县前锋科技能源有限公司与广东众望环境科技有限公司以联合体形式，成功取得了公安县餐厨垃圾无害化处理项目的特许经营许可权，公安县前锋科技能源有限公司设备设施及道路进行了全面的升级改造，同时引进了先进的餐厨垃圾无害化处理流水线设备投入生产。

公安县前锋科技能源有限公司的大型沼气工程为自主建设维护，独立运营。该沼气工程于 2013 年建成投入运行，沼气发酵罐规模 3400 m^3，日处理鸡粪 70 t，餐厨垃圾 10 t，日产天然气 2500 m^3（1.47 $m^3/(m^3 \cdot d)$），日产有机肥 50 t，沼气提纯后并入城镇天然气管网，基本解决周边 10 km 半径的鸡粪和全县餐厨垃圾，沼肥主要供葡萄、香梨等种植园施用，另外部分沼液也供鱼塘养殖，肥料还田覆盖 6000 亩。

（二）工程概况

1.核心技术工艺

(1)原料预处理和排渣技术突破。

采用独特的除毛工艺和砂粪分离技术，在发酵罐内增设与进料系统相互匹配的高效排渣装置，解决工程日常运行中进料困难、管道堵塞、进出料泵易损的技术难题。

(2)提取生物柴油。

厨余垃圾通过物料的分选、制浆、沉砂、压滤、有机物的三相分离等工艺，所产生的浆液通过厌氧发酵使日产气量达到更大的提升，分选大物件通过压缩外运至指定地点消纳、分离油脂，通过合法途径进行生物质柴油的提取。

2.建设内容及配套设备

主体工程为 2 座 CSTR 厌氧罐，300 m^3 气柜，700 m^2 无害化处理车间一栋、650 m^3 消防水池一个、240 m^3 污水循环池一个，500 m^3 储液池。

配置 1 套提纯充装设备，可存储 10000 m^3 成品气的高压管束，配备粪污收集专用车辆 8 台、餐厨垃圾收运车 4 台。

3.项目投资及资金构成

该项目由公安县前锋科技能源有限公司投资，项目建设资金主要源于企业自筹，总投资约为 2000 万元。

（三）运行模式

公安县前锋科技能源有限公司运行流程如图 3-7 所示。

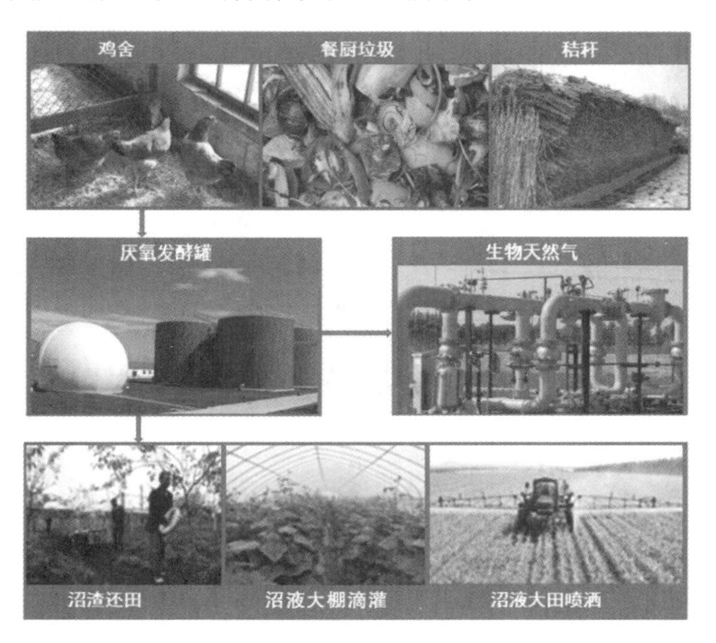

图 3-7　公安县前锋科技能源有限公司运行流程

1.模式特点

(1)中高温组合发酵。

采用厌氧发酵恒温，从降低能耗出发，回收余热二次利用，将高温的水回流至发酵罐，同时利用空气能热泵取代常规锅炉增温做补充，使发酵罐常年保持中温(35℃ ±2℃)发酵，有效容积产气率高达 1.5 $m^3/(m^3 \cdot d)$。

(2)提纯储存工艺。

提纯压缩和成品气储存系统研发集成设备设施，提高设备的通用性、普适性和稳定可靠性，实现整个工艺流程中各设备的系统匹配和优化组合。采用低合金钢管焊制而成的高压管束取代常规大型干湿式气柜，通过特种设备检验检测所检测后，作为气源储备设施，可存储成品气 10000 m^3 以上，保证气源供应稳定。

2.混合原料收集

公司调用餐厨垃圾收运车和粪污收集车收集公安县餐厨垃圾和畜禽粪便，收集城镇餐厨垃圾，政府补贴 350 元 / 吨，并与周边 15 km 内红胜、荆和等养殖场建立长期合作关系，签订处理鸡粪协议书(见图 3–8)，实行有偿服务(如养鸡场：每只鸡每年 1 块钱，含固率在 8%～20%)，利用专用沼液沼渣运转设备定点收集，保障沼气工程原料的同时，实现成本为零的完美开局。

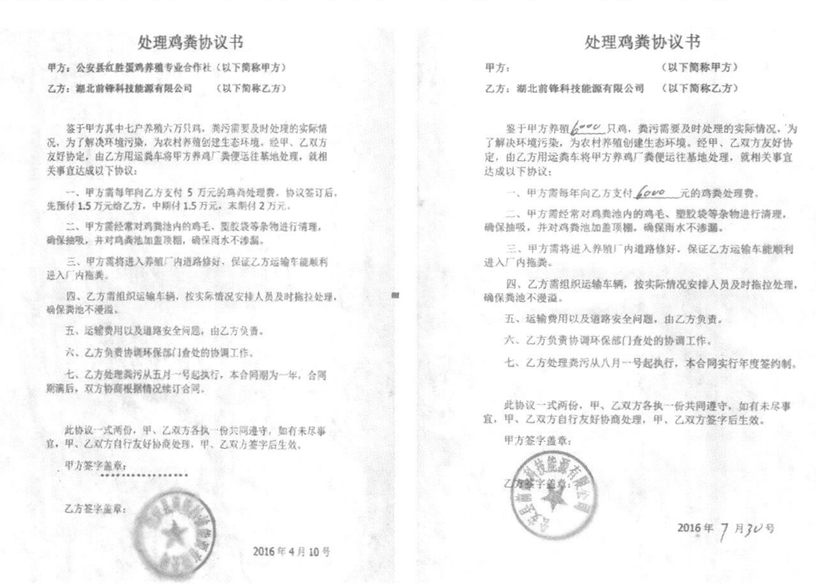

处理鸡粪协议书

甲方：公安县红胜蛋鸡养殖专业合作社（以下简称甲方）

乙方：湖北前锋科技能源有限公司　（以下简称乙方）

鉴于甲方其中七户养殖六万只鸡，粪污需要及时处理的实际情况，为了解决环境污染，为农村养殖创建生态环境。经甲、乙双方友好协定，由乙方用运粪车将甲方养鸡厂粪便运往基地处理，就相关事宜达成以下协议：

一、甲方需每年向乙方支付 5 万元的鸡粪处理费，协议签订后，先预付 1.5 万元给乙方，中期付 1.5 万元，末期付 2 万元。

二、甲方需经常对鸡粪池内的鸡毛、塑胶袋等杂物进行清理，确保抽吸，并对鸡粪池加盖顶棚，确保雨水不渗漏。

三、甲方需将进入养殖厂内道路修好，保证乙方运输车能顺利进入厂内拖粪。

四、乙方需组织运输车辆，按实际情况安排人员及时拖拉处理，确保粪池不漫溢。

五、运输费用以及道路安全问题，由乙方负责。

六、乙方负责协调环保部门查处的协调工作。

七、乙方处理粪污从五月一号起执行，本合同期为一年，合同期满后，双方协商根据情况续订合同。

此协议一式两份，甲、乙双方各执一份共同遵守，如有未尽事宜，甲、乙双方自行友好协商处理，甲、乙双方签字后生效。

甲方签字盖章：

乙方签字盖章：

2016 年 4 月 10 号

处理鸡粪协议书

甲方：　（以下简称甲方）

乙方：湖北前锋科技能源有限公司　（以下简称乙方）

鉴于甲方养殖 6000 只鸡，粪污需要及时处理的实际情况，为了解决环境污染，为农村养殖创建生态环境。经甲、乙双方友好协定，由乙方用运粪车将甲方养鸡厂粪便运往基地处理，就相关事宜达成以下协议：

一、甲方需每年向乙方支付 6000 元的鸡粪处理费。

二、甲方需经常对鸡粪池内的鸡毛、塑胶袋等杂物进行清理，确保抽吸，并对鸡粪池加盖顶棚，确保雨水不渗漏。

三、甲方需将进入养殖厂内道路修好，保证乙方运输车能顺利进入厂内拖粪。

四、乙方需组织运输车辆，按实际情况安排人员及时拖拉处理，确保粪池不漫溢。

五、运输费用以及道路安全问题，由乙方负责。

六、乙方负责协调环保部门查处的协调工作。

七、乙方处理粪污从八月一号起执行，本合同实行年度签约制。

此协议一式两份，甲、乙双方各执一份共同遵守，如有未尽事宜，甲、乙双方自行友好协商处理，甲、乙双方签字后生效。

甲方签字盖章：

乙方签字盖章：

2016 年 7 月 30 号

图 3–8　公司与农户的收集与处理鸡粪协议书

3.产品销售

(1)生物柴油。

餐厨垃圾分选大物件通过压缩外运至指定地点消纳、分离油脂通过合法途径，进行生物质柴油的提取，餐厨垃圾有 5% 的油脂产出，所提油脂销售价格为 8000 元 / 吨。

(2)生物天然气。

沼气含甲烷率 65% 左右，平均 2 m^3 沼气可以提纯 1 m^3 生物天然气，将沼气提纯到 92% 以上，并入城镇天然气管网，收费标准为 2.3 元 / 立方米。

(3) 沼肥。

基地先后在德义档葡萄生态农庄、曾埠头蔬菜大棚等种植园区建设全自动化喷灌示范区，研发了一套自动化程序喷灌施肥系统（见图 3-9），沼液沼渣分散到蔬果基地囤积后，利用控制平台，自动泵给和调配，辐射面积 6000 亩，以 20 元 / 立方米的收费标准长年供应，实现企业增值和园区增效。

图 3-9　公安县前锋科技能源有限公司沼液利用的自动化程序喷灌施肥系统

（四）工程效益

1.经济效益

该案例示范项目年运行成本 400 万元，天然气销售年收益 306 万元，沼肥销售年收益 36 万元，提取生物柴油年收益 146 万元，消纳厨余垃圾、畜禽粪便年收益 160 万元，投资回报率 12.4%，投资回收期为 8.1 年。

2.社会及生态效益

项目所产沼气主要用来为猪舍保温，发电，供农户生活用能。沼气提供清洁能源，减少对煤、柴的依赖，保护了森林资源，调整了农村生活用能的能源利用结构，降低二氧化碳排放 739.3 吨 / 年。

案例项目整体运行物质流及效益分析如图 3-10 所示。

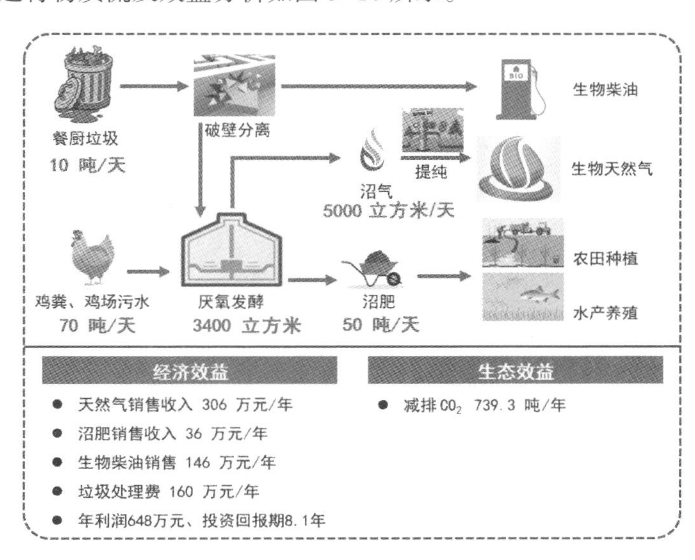

图 3-10　案例项目整体运行物质流及效益分析

四、大型沼气工程高效生态农业模式的推广条件

（一）适宜区域

大型沼气工程低碳循环农业技术，适宜在具备集约化养殖和规模化种植条件的区域。通过沼气工程厌氧发酵处理和开展“三沼”综合利用，可以有效解决畜禽养殖粪污问题，为农村居民提供沼气清洁能源，为种植业就地就近提供有机肥，为企业生产提供清洁电能和清洁热能，着力推进农业废弃物利用资源化、生产过程清洁化和产业链条生态化。

（二）配套要求

厂址选择要满足工艺、消防、卫生防疫等防护距离的要求，并根据项目所在的地理位置及地质水文条件，确定与居住区的防护距离及区域关系。

大型沼气工程建设应符合《大中型沼气工程技术规范》(GB/T 51063—2014)，尽量与养殖区域分离，便于沼气工程安全管理和维护。养殖场周边村民聚居度高，周边农田消纳用地配套齐全，便于运输沼液沼渣到农田，确保“三沼”实现全量化利用。明确专人管理，定期检查沼气工程设施设备，发现问题及时检修和更换。设置严禁烟火等警示标识，采取安全措施。

模式四

特大型沼气工程
——多产业融合循环农业模式

一、模式背景

作为一个新兴产业，生物天然气产业是依托传统的沼气行业发展起来的。目前我国沼气产业已形成了原料收集—沼气生产—产品应用等各环节相匹配的完整产业链。在此基础上，生物天然气行业增加了后端的沼气提纯，使后端的生物天然气产品可以作为传统化石燃气的有效替代。生物天然气提高了沼气的能源品位，可以并入现有天然气管网，也可以用作车用燃气，可实现清洁能源生产、废物治理、生态农业“三位一体”的目标，在弥补天然气需求、填补能源缺口方面具有天然的优势，同时可以为我国经济低碳化发展，完成碳减排目标提供一条有效的途径。

为贯彻落实中央领导要求和中央一系列文件精神，国家发展和改革委员会、国家能源局等十部门联合下发了《关于促进生物天然气产业化发展的指导意见》，提出：到 2025 年，生物天然气具备一定规模，形成绿色低碳清洁可再生燃气新兴产业，生物天然气年产量超过 100 亿立方米；到 2030 年，生物天然气实现稳步发展，规模位居世界前列，生物天然气年产量超过 200 亿立方米，占国内天然气产量一定比重。

二、特大型沼气工程循环农业模式的技术要点

（一）概述

该模式建立以厌氧发酵为纽带的良性循环的生态系统，对沼液、沼渣进行综合利用处理，提高了沼气工程能源环保综合效益。多产业融合循环农业模式产业链主要分为三个环节，分别为有机废弃物收集处理环节、生物天然气利用环节、沼肥消纳环节。

废弃物收集主要有畜禽粪污、秸秆、生活垃圾、农业有机废弃物等原料，既可以由政府或第三方企业收集，也可以由能源中心自行收集。

有机废弃物经过厌氧发酵产生生物天然气、沼液、沼渣三种产品。生物天然气可用于发电、提纯天然气、通过沼气锅炉生产蒸汽等，沼液、沼渣可用于生产有机肥用于还田，从而实现生态循环，其生产工艺路线如图 4-1 所示。

该模式是将畜禽粪污、秸秆等多元化的农业废弃物，经过无害化和减量化处理，实现资源化利用，最终实现减排固碳的目的。

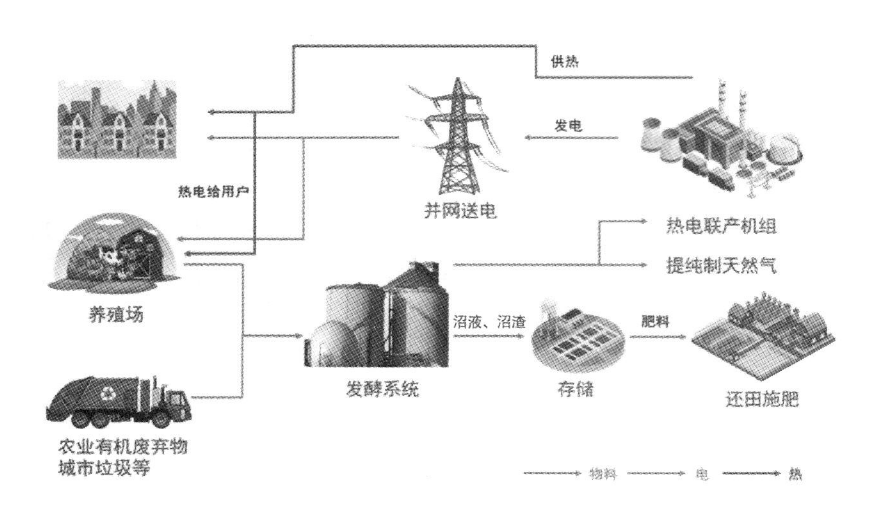

图 4-1　特大型沼气工程生产工艺路线

（二）关键技术环节

技术环节1：生物天然气循环利用产业模式

通过畜禽粪便沼气能源化与肥料化处理方式互补，形成畜禽粪便商品有机肥生产、沼气热电联产、沼气提纯生物天然气、沼液浓缩有机水溶肥料高值利用的资源化利用体系，横向拓展、纵向延伸，构建畜禽粪便资源化循环利用全产业链模式。

技术环节2：热电联产技术

该技术实现系统内部能量的循环利用和互补，采用热电联产可以将发电过程所产生的热能用于发酵罐体以及新物料的加温，通过换热水箱后，回水又可用于发电机的冷却，形成系统内部的能量循环，节约能耗。

技术环节3：有机肥利用技术

沼渣生产有机肥，沼液还田用作液态有机肥，实现养殖废弃物零排放。由于养分回收产品适合市场销售，可实现废弃物处理与农田承载力在物理空间上的解绑，提高工程经济效益。

技术环节4：沼液减量化和高量消纳技术

一是沼液减量化技术，特大型沼气工程沼液产生量大，消纳困难，应采用沼液减量化技术，如沼液回流减量化技术，沼液回流可以替代发酵过程中所需的稀释用水使用，在对发酵原料进行稀释的过程中可以节约大量的清水，同时实现沼液减排的目标。

二是沼液高量消纳净化组合技术，可开发养分消纳能力高和沼液净化能力强的牧草种植技术，以厌氧沼液为原料，筛选生物量大、耐肥能力强的禾本科牧草作为生态阻控物，利用巨菌草旺盛的生长力和强大的吸收能力消纳沼液中的氮磷污染物，通过本处理技术收获的巨菌草可用来发展牛、羊、渔业等养殖行业，促进农业生态循环产业发展。

（三）相关标准及规范

相关标准及规范参考《生物天然气工程技术规范》(NY/T 3896—2021)、《规模化畜禽养殖场沼气工程设计规范》(NY/T 1222—2006)、《生物天然气产品质量标准》(NB/T 10136—2019)、《进入天然气长输管道的生物天然气质量要求》(NB/T 10489—2021)、《沼气电站技术规范》(NY/T 1704—2009)、《沼气工程沼液沼渣后处理技术规范》(NY/T 2374—2013)、《有机肥料》(NY/T 525—2021)、《生物有机肥》(NY 884—2012)、《含氨基酸水溶肥料》(NY 1429—2010)。

三、特大型沼气工程循环农业模式的案例分析

典型案例1：荆门农谷地奥"气—电—肥"农业废弃物利用模式

（一）基本情况

湖北农谷地奥生物科技有限公司特大型沼气工程案例是集畜禽粪污和农作物秸秆集中处理、沼气发电和生物有机肥研发、生产、销售于一体的现代化资源综合利用型项目。该项目作为一、二、三产业融合和农业资源综合利用项目，充分利用畜禽粪污和农业秸秆发酵制沼气发电，既开发了生物质能源，又为项目所在地的养殖大镇解决了分散养殖粪污处理问题；同时利用沼渣、沼液生产的优质有机肥料替代化肥，提高作物品质和产量，改善土壤结构，促进土地资源的合理利用和生态环境良性循环，实现现代农业可持续、健康发展。

本案例位于湖北省京山市南部的钱场镇。该案例依托主体是湖北农谷地奥生物科技有限公司。湖北农谷地奥生物科技有限公司特大型沼气工程航拍图如图 4–2 所示，基本情况如表 4–1 所示。本案例每年可处理畜禽粪污 20 万吨，作物秸秆 2 万吨。

图 4–2　湖北农谷地奥生物科技有限公司特大型沼气工程航拍图

表 4–1　基本情况

序号	项目	项目概况
1	建设时间	2018 年建成
2	建设地点	湖北省京山市钱场镇
3	建设用地	110 亩，约 73260 m^2
4	运营单位	湖北农谷地奥生物科技有限公司
5	建设规模	原料预处理系统；厌氧发酵罐；沼气生物脱硫系统；沼气热电联产系统；沼液处理系统；固液分离系统；有机肥生产车间

（二）工程概况

1.工程特点

在沼液养分回收的基础上，开发了沼液植物量高量消纳生态净化技术组合，在工程周围配套一定面积的农田和池塘，即可保证剩余沼液农田灌溉的生态安全。

2.核心技术工艺

(1)CSTR 中温厌氧消化技术：鸡粪物料由收运车直接卸入投料池，在投料池加水或与回流沼液混合，混合后的物料经潜污泵提升至水解沉砂池；物料在水解沉砂池内完成配比、增温、水解、均质、除砂，再经破碎后由螺杆泵泵入厌氧消化反应器；厌氧消化单元配置搅拌系统、热交换系统、正负压保护系统；从厌氧消化单元产生的沼气经过脱硫脱水除尘后，进入沼气发电系统。

(2)沼液资源化利用与消纳关键技术：以厌氧沼液为原料，筛选生物量大、耐肥能力强的禾本科牧草作为生态阻控物，利用巨菌草旺盛的生长力和强大的吸收能力消纳沼液中的氮磷污染物，收获的巨菌草可用来发展牛、羊、渔业等养殖行业，实现沼液的资源化利用。此外，在水产养殖方面也有沼液利用技术，通过筛选特定微生物，将沼液转化成鱼、虾养殖的饵料，实现绿色养殖。

该项目工艺技术路线如图 4–3 所示，项目工艺技术路线将“能源生态型”和“能源环保型”两种工艺路线有机地结合在一起。该项目沼气通过沼气发电机发电，沼渣、沼液通过后续的有机肥生产工序用于生产有机肥，解决了国内很多生态型的沼气项目中，沼液沼渣无处消纳的问题。

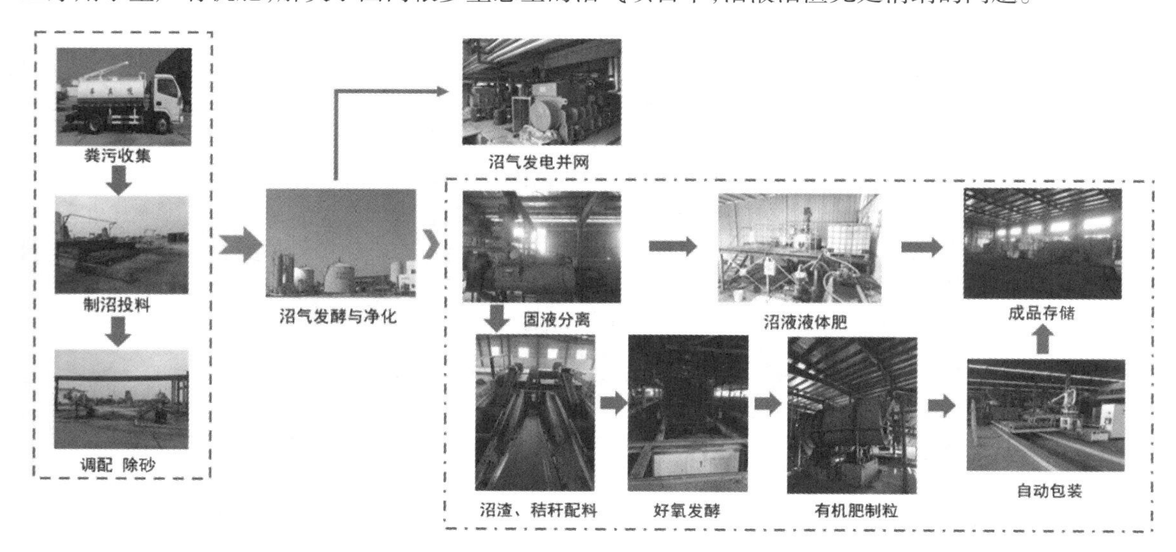

图 4–3　工艺技术路线

3.建设内容及配套设备

鸡粪自动化运行系统包括布料系统和自动翻抛系统。布料系统由四个储料仓（两个带调速螺旋、另两个为推板式）、料仓上料皮带、进混料机皮带、混料机、混料机出料皮带、加菌器、布料器组成。自动翻抛系统由增氧系统、翻抛系统、出料皮带组成。

有机肥制成加工系统包括新建拌料车间、发酵车间、陈化车间、制成车间共 1.8 万平方米，粉状和颗粒肥生产线各一条。可生产颗粒有机肥、粉状有机肥共 10 万吨 / 年。

厌氧消化单元包括 CSTR 中温发酵罐 6 座，每座发酵罐容积 3750 m^3，有效容积 3300 m^3，总有效容积为 20000 m^3，物料水力停留时间(HRT)28 d。设计容积产气率 1.5 $m^3/(m^3 \cdot d)$。厌氧消化单元配置搅拌系统、热交换系统、正负压保护系统。

脱硫单元为日净化沼气量 30000 m^3 的沼气生物脱硫系统。

沼气发电系统装机容量为 3000 kW，年发电量为 2264 万度，采用热电联产系统。

沼液达标处理与资源化利用系统：由沼液达标处理系统和沼液资源化利用系统组成。建成了 1 座沼液厌氧池 10000 m^3、1 座沼液好氧池 10000 m^3、一级氧化池 1 座、二级氧化池 1 座、污泥浓缩池和斜管沉淀池各 1 座，日可处理沼液 650 m^3；此外，还建成覆盖 10000 余亩农田的沼肥还田管道输送系统，年可消纳沼液近 10 万吨。

4.项目投资及资金构成

该项目总投资 2 亿元，其中建筑投资 8000 万元，设备投资 10000 万元，安装、运输费用 2000 万元，项目建设成本明细（部分）如表 4–2 所示。

表 4–2　项目建设成本明细（部分）

项目构成	原料预处理	厌氧发酵罐	沼气脱硫系统	沼气热电联产	沼液处理系统	有机肥生产车间
规模 / 型号	500 t/d	3750 m^3	30000 m^3	3000 kW	日处理沼液 650 m^3	18000m^2
单价	267 万元	495 万元	149 万元	2313 万元	250 万元	1252 万元
数量	1 座	6 座	2 套	1 套	6 座	1 套
合计	267 万元	2970 万元	298 万元	2313 万元	1250 万元	1252 万元

（三）运行模式

1.模式特点

特点 1：沼液生态净化模式。在沼液养分回收的基础上，开发了沼液植物量高量消纳生态净化技术组合，并在工程周围配套一定面积的农田和池塘，用于保证生态净化处理后剩余沼液农田灌溉的生态安全消纳。

特点 2：农业有机废弃物处理工艺闭环。肥料化可解决产生的沼渣、沼液处理的瓶颈问题，而沼气发电又可为肥料生产提供能源，降低生产成本，体现“能源环保型”与“能源生态型”的工艺创新与融合。

2.原料收集

该工程以项目所在地钱场镇及周边地区的蛋鸡养殖鸡粪为主要原料，并补充所在地丰富的农作物秸秆资源。

京山市钱场镇周边大型规模化养殖场，养殖设备先进，自动出粪，所产出的鸡粪干物质浓度较高，由湖北农谷地奥公司组织运输车辆每天上门收集；对钱场镇周边蛋鸡等养殖专业户，养殖规模较小，原先所产鸡粪干物质浓度相对较低，由公司对养殖户的粪污收集系统进行改造，将原来的刮板清粪方式改造为干清粪的方式，并与养殖户签订粪污免费供应协议，每1～2 d集中收集一次。

对粪污运输费用，采用有偿处理，所收费用用于补偿到运输费用。对需要安排车辆上门运输的养殖场，按存栏量收相应处理费用，再补贴至运输车辆；对自己组织车辆运输的规模化养殖场，不收处理费用，运费由规模化养殖场自行承担。

3.制沼发电

鸡粪沼气发酵采用CSTR中温厌氧消化工艺。鸡粪物料由收运车直接卸入投料池，在投料池加水或回流沼液混合，混合后的物料经潜污泵提升至水解沉砂池。物料在水解沉砂池内完成配比、增温、水解、均质、除砂，再经破碎后由螺杆泵泵入厌氧消化反应器。从厌氧消化单元产生的沼气经过脱硫脱水除尘后，进入沼气发电系统。

4.沼渣、沼液分离与利用

厌氧消化反应器排出的沼渣沼液在沼渣沼液暂存池短暂储存后，再经过固液分离，分离出的沼渣进入有机肥生产系统，分离出的部分沼液回流稀释鸡粪，部分还田利用，部分经过厌氧堆肥、物化处理后达标排放。

5.有机肥发酵与加工

在有机肥生产系统，粉碎后的辅料通过卸料车输送至辅料仓内，沼渣以及含水率80%左右鸡粪由卸料车倒入鸡粪料仓储存，鸡粪、沼渣、辅料由螺旋输送机按照预定量添加到皮带输送机输送进入混料机内。混料机将三种物料充分混合搅拌，完成混料。含水率控制在60%的混合物料由混料机出口经过布料皮带输送机输送至发酵槽进料端完成进料。

好氧发酵车间设2台翻抛车，在发酵过程中，由设置在发酵槽两侧墙顶往复行走的翻堆机定期将物料翻堆、打散、前移，保证物料均匀性，可以有效蒸发水分，并使其从发酵槽进料端向出料端移动，最终实现从槽端出料的工艺效果。翻抛机的工作时间为6～10 h，实现每个发酵槽中的物料每天翻抛1次的工艺要求。翻抛机在布料之前完成物料的翻抛，为混合物料进料做好准备。发酵最高温度可达70 ℃，鸡粪中的病原体、杂草种子等被杀死，经过25 d的充分好氧发酵，鸡粪含水率降到40%以下，完全达到沼渣、鸡粪减量化、无害化目的。

将经过主发酵的半成品送入陈化车间。在主发酵工序尚未分解的较难分解的有机物再分解转化成腐殖酸、氨基酸等比较稳定的有机物，得到完全腐熟的堆肥产品。

陈化后的物料，经过粉碎系统，将一些大块有机肥粉碎。粉碎后的物料，经过皮带输送至造粒系统，经过转鼓加圆盘造粒机造粒。造粒后的物料，经过皮带输送至抛光系统的圆盘抛光机进行抛光。物料经过抛光后，由皮带输送至烘干系统的回转式烘干机进行烘干。物料经过烘干后，进行一次筛分，合格产品进入下一个处理单元，不合格产品返回圆盘造粒机重新造粒。筛分后合格产品进入冷却系统，通过回转式冷却机进行冷却。冷却后的产品进入成品筛分机，合格产品进入包装系统，不合格产品粉碎后重新造粒。湖北农谷地奥生物科技有限公司特大型沼气工程工艺流程如图4-4所示。

6.产品销售

沼电和沼肥两种产品的销售方式不同，沼气发电直接并入国家电网，每月由综合服务部负责电量计划、电费结算，而沼肥生产完毕后，存储工作交由仓库负责，销售则由专业的市场营销部负责，技术部负责产品开发、质量控制、技术服务。

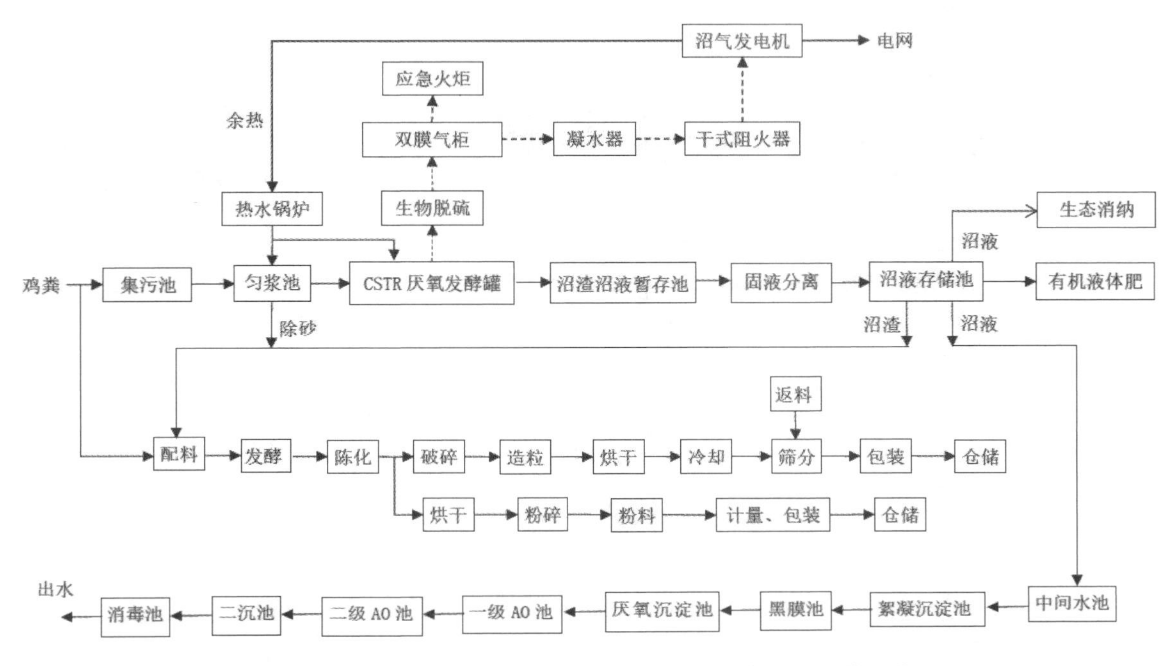

图 4-4　湖北农谷地奥生物科技有限公司特大型沼气工程具体工艺流程

有机肥产品是生物天然气工程的气、肥两大产品之一，是工程收益的重要来源。湖北农谷地奥生物科技有限公司拥有“农谷”“地利奥”肥料品牌系列产品（见图 4-5），年产有机肥、生物有机肥、有机-无机复混肥及各类作物专用肥等共近 10 万吨，公司系列有机肥产品获得有机农业资料评估证明（见图 4-6）。

7.工程运行成本

该项目工程运行成本主要由水电费、人员工资、耗材购买、燃油费等构成。湖北农谷地奥生物科技有限公司特大型沼气工程项目运维成本及收益明细（年）如表 4-3 所示。

图 4-5　肥料品牌系列产品

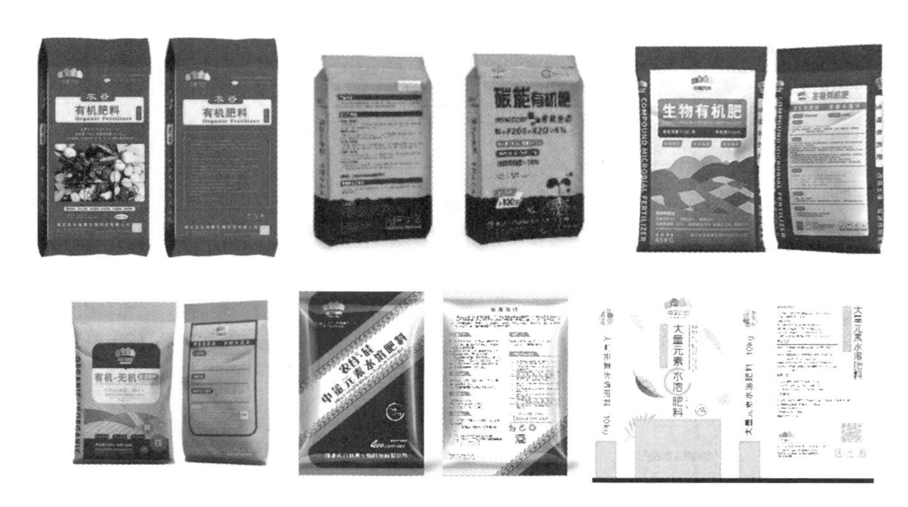

续图 4–5

图 4–6　有机农业资料评估证明

表 4–3　湖北农谷地奥生物科技有限公司特大型沼气工程项目运维成本及收益明细（年）

运行维护支出	费用	产品销售	收益
原料收集费	1000 万元	沼气发电	1508 万元
人员工资	415 万元	有机肥料	7542 万元
电费	182 万元		
水费	2 万元		
消耗品更换	100 万元		
肥料成本	3219 万元		
其他支出	710 万元		
合计	5628 万元	合计	9050 万元

（四）工程效益

该案例示范项目建设投资 20000 万元，年运行成本 5628 万元，沼气发电销售收益 1508 万元，有机肥销售收益 7542 万元，年利润 3422 万元，投资回报率 17.1%，投资回收期 6 年。

该项目每年生产有机肥可减少化肥施用量 1 万吨以上，调整了有机肥生产热能利用结构，折合可降低二氧化碳排放 25 万吨，实现减排固碳的效果，详见图 4-7 所示。

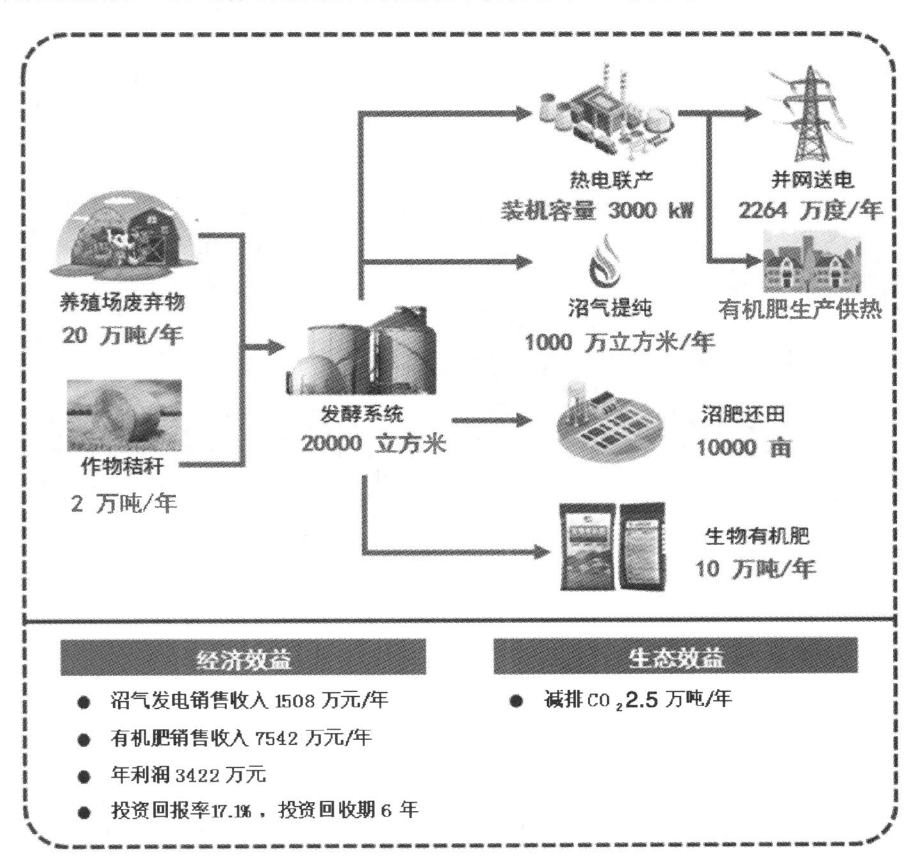

图 4-7　湖北农谷地奥生物科技有限公司特大型沼气工程案例项目整体运行物质流及效益分析

典型案例2：宜城绿鑫公司有机废弃物能源化/肥料化利用模式

（一）基本情况

该案例位于湖北省宜城市，依托湖北绿鑫生态科技有限公司管理。公司成立于 2013 年，是一家中德合作的有机废弃物资源化领域的领军企业，也是集节能环保、新能源、生物质能装备制造和生物有机肥生产销售为一体，深耕有机废弃物资源化零碳循环发展产业的高新技术企业。该项目采用“混合原料高温高负荷多级连续”技术，是公司“规模化生物天然气产业融合发展试点”建设项目。该项目辐射周边 15 km，覆盖 28 个村庄，4 个社区街道，耕地面积 18 万亩，山林面积 30 万亩。该项目工程基本情况如表 4-4 所示，湖北绿鑫生态科技有限公司现场照片如图 4-8 所示。

表 4–4 工程基本情况

序号	名录	项目概况
1	建设时间	2016—2020 年（分三阶段）
2	建设地点	湖北省宜城市流水镇落花潭社区
3	建设用地	100 亩
4	运营单位	湖北绿鑫生态科技有限公司
5	建设规模	年处理农作物秸秆、畜禽粪便、餐厨余料、烂尾瓜果、有机生活垃圾等各类有机废弃物 5.6 万吨，装机容量 1500 kW，年产生物天然气 500 万立方米，年产有机肥 3 万吨

图 4–8 湖北绿鑫生态科技有限公司现场照片

（二）工程概况

1.工程特点

特点 1：产业链创新链融合。

工程建设过程中该公司探索以前沿项目课题为导向、以企业技术团队为抓手，不断加强科技攻关，整合产业链上下游，探索产业链创新链的深度融合，降低经营成本，提高项目收益。

上游通过全资子公司湖北绿鑫生物质能装备有限公司联合德国合作伙伴开展二次研发，实现了该领域高端专用装备的标准化和本土化生产，降低该类项目的单位投资强度，同时提高项目的供货效率，缩短建设周期。开发出一套基于云计算的物联网控制系统，能够实现云端实时分析，反哺运营数据，智慧高效运营，不受地域限制、无须人工值守的沼气工程智能运维。

下游联合湖北中科院育成中心和德国合作伙伴共同开展技术成果转化，健全了一套快速强制好氧堆肥的标准化工艺，目的在于大幅提升副产品沼渣的价值，建立有机肥和基质产品生产的新标准。

特点 2：运营稳定。

物联网自动化管控、标准化的工艺流程，以及成熟可靠的运营经验，通过现代管理技术手段让项目高效持续运营有保障。

2.核心技术工艺

本项目采用“预处理 + 高浓度混合原料连续多级厌氧处理 + 沼气提纯制生物天然气 + 沼气热

电联产 + 电能上网 + 余热回收利用发酵保温 + 沼渣液深加工制有机肥”为核心的处理工艺。湖北绿鑫生态科技有限公司生物天然气工程工艺技术路线如图 4–9 所示。

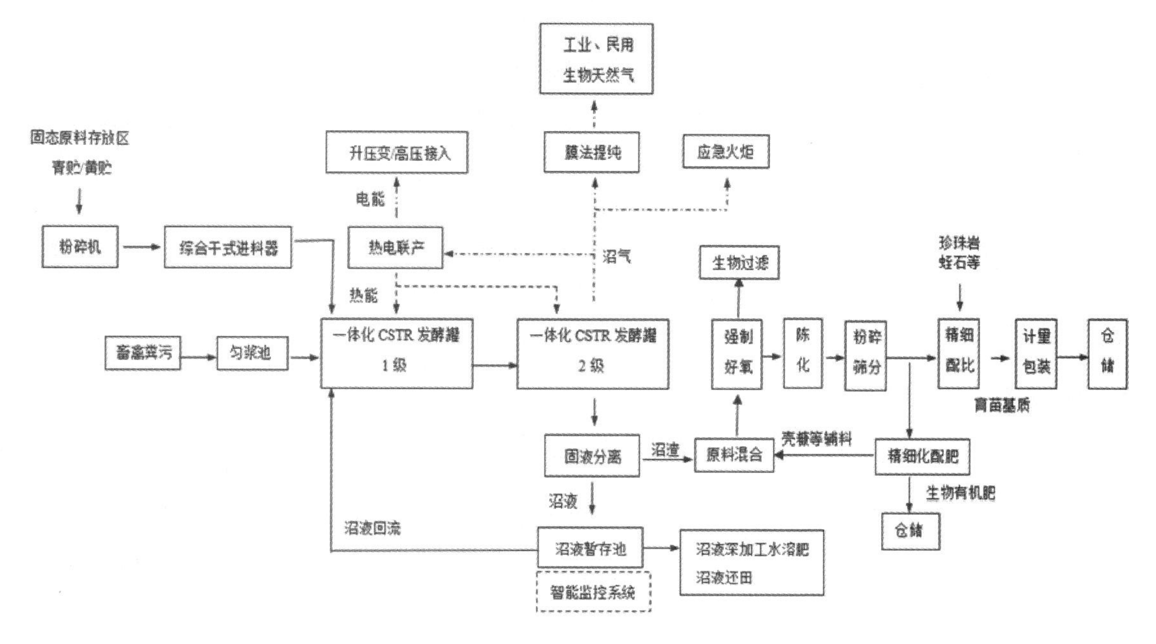

图 4–9　湖北绿鑫生态科技有限公司生物天然气工程工艺技术路线

项目的工艺包括秸秆预处理、粪污预处理、一级沼气发酵、二级沼气发酵、发酵残余物固液分离、发酵液回流、沼气发电、上网系统、热电联产机组余热回收利用、沼气提纯制生物天然气(膜法)、生物天然气入管网、生物天然气压缩和充装站、固态及液态沼肥深加工以及智能监控系统等部分，湖北绿鑫生态科技有限公司生物天然气工程运行模式实物流程如图 4–10 所示。核心技术工艺一览表如表 4–5 所示。

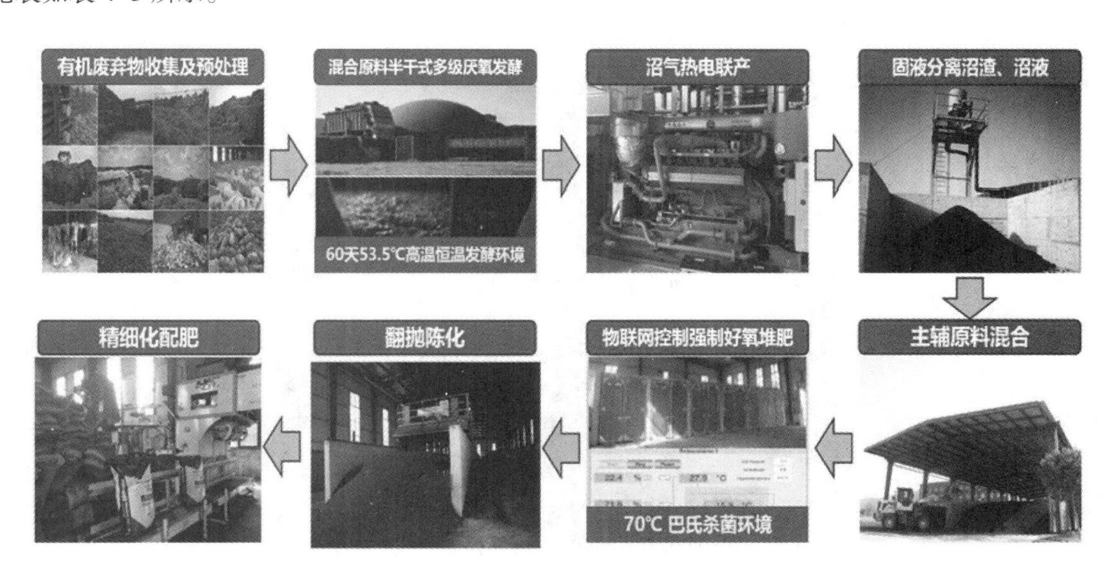

图 4–10　湖北绿鑫生态科技有限公司生物天然气工程运行模式实物流程

表 4-5 核心技术工艺一览表

序号	技术名称	技术简介
技术 1	原料复配	各种发酵原料经过复配后，可以调节发酵系统中的碳氮比（C/N），避免由单一原料发酵产生的系统缓冲能力低下、稳定性差等问题
技术 2	沼液回流	该案例发酵原料多为秸秆，在发酵过程中需要另外加入大量清水，沼液可以替代发酵过程中所需的稀释用水，在对发酵原料进行稀释的过程中可以节约大量的清水，沼液的循环回用可以达到与发酵原料进行混合预热的效果，以降低发酵原料加热过程的能耗
技术 3	多级厌氧发酵工艺	该项目采用混合原料干式与半干式连续多级厌氧发酵工艺，整体项目采用 3 个独立模块，每个模块包括两级 CSTR 反应器，3 个模块并联运行。此工艺可有效提高单位池容的生产效率，合理延长原料发酵停留时间，保障整个沼气生产的稳定性
技术 4	固态原料进料系统	固态原料进料器具有自动定量、定时进料的功能，固态原料每天分 4 ～ 5 次加入进料仓，由底部液压式推进系统每半小时进料一次，实现全天 48 次连续均匀进料。干式综合进料器配有带铰刀的抓料混匀装置，可对秸秆起到进一步破碎的作用，大大降低进料泵缠死及磨损的风险，大幅度提高进料效率
技术 5	综合式厌氧发酵保温方式	该项目采用半地下的钢筋混凝土结构厌氧消化罐，采用主动式的罐体内加热及被动式的罐体外保温结合的方式，在发酵罐罐体内侧设置加热盘管，利用热电联产机组和沼气提纯机组的余热，结合外侧设置保温材料（挤塑板），可有效避免单独使用某一种加热方式带来的不利，满足高温厌氧消化所需的温度条件
技术 6	生物原位脱硫	该项目采用生物原位脱硫方法，反应器顶部建设木质生物脱硫床，H_2S 与脱硫菌、水中溶解氧接触并发生充分反应，最后生成单质硫和 H_2O，该工艺脱硫效率高，硫化氢去除率高达 98.5%，与其他脱硫技术相比，运行成本低，安全性好，可以无人值守，经生物脱硫后的沼气 H_2S 含量可降至 50 ppm 以下，达到“粗脱”的效果
技术 7	有机肥生产系统	沼渣与辅料混合后，运至车库式强制好氧发酵箱进行发酵。经过一个 7 ～ 9 d 堆肥周期后，出仓进入陈化区，进行周期性翻抛陈化。陈化区采用静态槽式陈化工艺，配合自走式翻抛机，陈化周期为 15 ～ 20 d，其间含水率降到 35% 以下。堆肥的温度逐渐下降，稳定在 40 ℃时，堆肥腐熟完成，形成腐殖质。发酵物料从陈化区出来后，根据生产需求配料制成不同产品

3.建设内容及配套设备

预处理系统：青贮存储区（5814 m^3），匀浆水解池 1 座（254 m^3）。

混合原料高池容负荷厌氧发酵系统：CSTR 发酵罐 6 座（17184 m^3）。

厌氧反应器实景如图 4-11 所示。

图 4-11 厌氧反应器实景

沼气提纯系统：脱硫设备 1 套，脱碳设备 1 套，罐装设备 1 套（日净化 1.5 万立方米沼气）（见图 4–12）。

图 4–12　沼气提纯系统

热电联产系统：沼气发电机组 2 组（1 台 800 kW 机组满负荷生产，1 台 637 kW 机组调峰发电）见图 4–13。

图 4–13　热电联产系统之一：637 kW

沼渣沼液利用单元：沼渣沼液高效固液分离机，沼液回流系统，有机肥、基质土加工生产系统。固液分离设备如图 4–14 所示。车库式强制好氧发酵箱如图 4–15 所示。

图 4-14　固液分离设备

图 4-15　车库式强制好氧发酵箱

其他单元:生物燃气压缩输送系统、电力并网接入系统、加热保温系统、消防系统、自控系统及智能监控系统等。物联网监控系统如图 4-16 所示。

图 4-16　物联网监控系统

4.项目投资及资金构成

该项目总投资1.05亿元，其中建筑投资5000万元，设备投资（包括设备安装、运输费用）5000万元，湖北绿鑫生态科技有限公司生物天然气工程项目建设成本明细如表4–6所示。

表4–6　湖北绿鑫生态科技有限公司生物天然气工程项目建设成本明细表

工艺设备	沼气生产	热电联产	净化提纯单元	有机肥生产
投资金额	～4000万元	～1000万元	1200万元～1300万元	～800万元

（三）运行模式

1.工程运行情况

该项目采用双系统运行，优先保障日产1.5万立方米生物天然气提纯设备和1台800 kW热电联产发电机组满负荷生产，额外配备1台637 kW热电联产发电机组作为调峰发电，根据生产需求再做调整。湖北绿鑫生态科技有限公司项目运行概况如表4–7所示。

表4–7　湖北绿鑫生态科技有限公司项目运行概况

序号	名录	项目概况
1	项目运营时间	2017.01至今
2	年处理能力	
2.1	年运行时长	8000 h+（折合333 d+，其他时间用于设备定期检修等）
2.2	各类秸秆处理量（万吨/年）	3
2.3	畜禽养殖粪污处理量（万吨/年）	2.6
2.4	产沼气能力（万立方米/年）	1225
2.5	生物天然气（万立方米/年）	500
3	发电装机（kW）	1437
4	发电量（万度/年）	640～1150（视天然气产量）
5	发酵总容积（m^3）	17182
6	有效池容产气率（m^3/（m^3·d））	2.3
7	有机肥产量（万吨/年）	3.0（有机肥、基质产品）

2.原料收集模式

该项目以黄贮秸秆为主要原料，以畜禽粪便、果蔬垃圾、淀粉渣、食品加工废弃物为辅料，不定期与秸秆进行混合发酵。湖北绿鑫生态科技有限公司具有半径15 km覆盖范围内秸秆和人畜粪便收储的特许经营权，原料收集特许经营权文件如图4–17所示。

流水镇人民政府文件

流政文〔2017〕118号　　签批人：

流水镇人民政府
关于同意授予湖北绿鑫生态科技有限公司
秸秆和人畜粪便收储特许经营权的批复

湖北绿鑫生态农业科技有限公司（以下简称绿鑫公司）：你公司《关于授予湖北绿鑫生态农业科技有限公司秸秆和人畜粪便收储特许经营权的请示》已收悉，经研究，批复如下：鉴于绿鑫公司依据中华人民共和国法律、法规成立，并愿意承担绿鑫公司半径15公里覆盖范围内秸秆和人畜粪便收储的专营，流水镇人民镇政府同意授予绿鑫公司在该范围的秸秆和人畜粪便收储特许经营权，具体内容如下：

（一）特许经营区域范围：绿鑫公司半径15公里覆盖范围内。

（二）特许经营内容：在上述区域内，绿鑫公司享有独家收储秸秆和人畜粪便的权利。

（三）特许经营期限：绿鑫公司在上述区域享有5年特许经营权，自2017年10月23日--2022年10月22日。

（四）流水镇人民政府同意在特许经营权期限内不再批准任何个人和企业进入特许经营区域从事秸秆和人畜粪便收储，确保绿鑫公司实现排它性经营。

（五）该特许经营权仅限于特许经营区域内的秸秆和人畜粪便收储业务，绿鑫公司从事与该业务无关的其它经营活动以及违规、违法行为，不受该特许经营权许可。

（六）特许经营期满或提前终止时，绿鑫公司应无条件将特许经营权交还流水镇人民政府。

（七）本文中各条款的最终解释权属于流水镇人民政府，除非国家另有法律规定。

图4–17　原料收集特许经营权文件

秸秆原料：该项目秸秆原料主要包括玉米秸秆和水稻秸秆。项目联合当地规模化玉米、水稻生产企业，采用“农保姆”（企业 + 政府 + 种养大户成立农业合作社的模式）的形式对玉米、水稻秸秆进行全程跟踪收集。项目实施单位组织专门的运输队伍负责秸秆的收集和运送，原料收储专班通过联系当地政府和乡镇单位，寻找适合机械作业的连片农田。秸秆收集现场如图4–18所示。秸秆粉碎后采用黄贮的方式压实并密封储存。

图4–18　秸秆收集现场

畜禽粪便：项目方与多家规模化养殖企业签订粪便处理协议。全程采取密闭车进行收运，固态的进入干粪池储存，液态的进入匀浆池储存。这样的收储模式不仅能有效避免在粪污收集过程中造成的禽畜病菌交叉感染，而且能有效防止在粪便转运过程中以及在项目基地存储时产生异味而污染空气。

3.产品销售模式

产品 1:沼气发电。

该项目年产 1225 万立方米沼气,每年供电 640 万～1150 万度,产生的电能一小部分用于厂区自用电,其余全部并入国家电网。

产品 2:生物天然气。

每年提纯天然气 500 万立方米,产品气经压缩后做成 CNG 供车用燃气或者不经压缩做成 BNG 注入当地华润燃气管网出售(生物天然气入户特许经营授权书如图 4–19 所示)。此案例的生物天然气已经达到一类气的标准,经过压缩后的天然气销往外省。

流水镇人民政府文件

生物燃气入户特许经营授权书

经湖北省宜城市人民政府批准同意，流水镇人民政府与湖北绿鑫生态科技有限公司于 2015 年 04 月 22 日签订了为期 30 年的《生物燃气入户特许经营授权书》。根据协议规定，湖北绿鑫生态科技有限公司在湖北省宜城市流水镇行政区划内具有从事生物燃气入户的特许经营权。双方合作首先在新型城镇化试点落花潭社区开展，为该社区 3000 户居民提供生物燃气入户。入户生物燃气的价格以我市物价部门所批准的同期天然气的价格一致。该特许经营权在试点落花潭社区所属的区域内具有唯一性和排他性。

特此声明

授权方（签章）：

被授权方（签章）：

时　间：　年　月　日

图 4–19　生物天然气入户特许经营授权书

产品 3:有机肥。

该项目年产有机肥 3 万吨,主要包括康宝禾系列高端有机肥(有机肥料产品检测报告如图 4–20 所示)、基质产品和家庭园艺营养土系列产品。水稻育秧基质产品和果蔬育苗基质产品为该案例主要产品,如图 4–21 所示,公司培育 200 万盘水稻秧苗,销往宜城、襄阳周边,最远销往湖南、江西等地。目前公司自营项目所生产的有机肥料和基质产品畅销本地及外省市场,并多次中标政府购买的土壤改良服务。

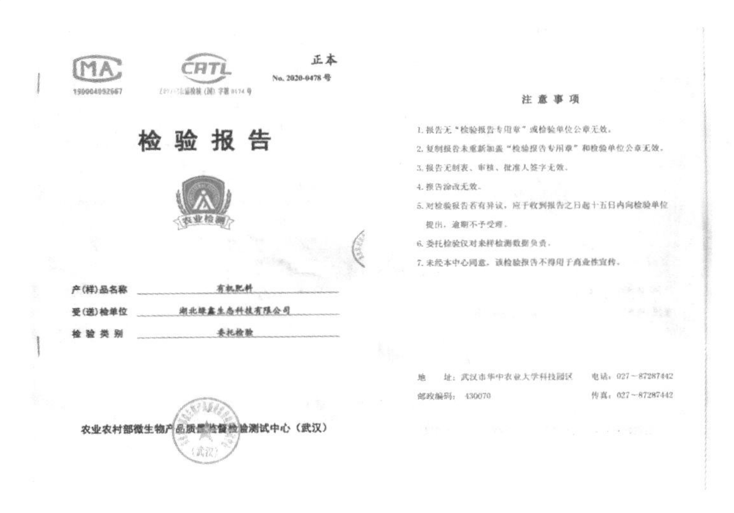

CMA　CATL

正本

No. 2020-0478 号

检验报告

农业检测

产(样)品名称　有机肥料

受(送)检单位　湖北绿鑫生态科技有限公司

检验类别　委托检验

农业农村部微生物产品质量监督检验测试中心（武汉）

注意事项

1. 报告无“检验报告专用章”或检验单位公章无效。
2. 复制报告未重新加盖“检验报告专用章”和检验单位公章无效。
3. 报告无制表、审核、批准人签字无效。
4. 报告涂改无效。
5. 对检验报告若有异议，应于收到报告之日起十五日内向检验单位提出，逾期不予受理。
6. 委托检验仅对来样检测数据负责。
7. 未经本中心同意，该检验报告不得用于商业性宣传。

地　址：武汉市华中农业大学科技园区　电话：027－87287442

邮政编码：430070　传真：027－87287442

图 4–20　有机肥料产品检验报告

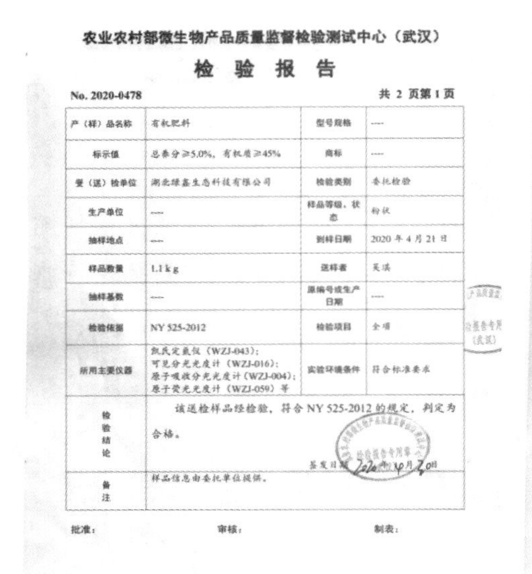

农业农村部微生物产品质量监督检验测试中心（武汉）

检 验 报 告

No. 2020-0478　　　　共 2 页第 1 页

产（样）品名称	有机肥料	型号规格	----
标示值	总养分≥5.0%，有机质≥45%	商标	----
受（送）检单位	湖北绿鑫生态科技有限公司	检验类别	委托检验
生产单位	----	样品等级、状态	粉状
抽样地点	----	到样日期	2020 年 4 月 21 日
样品数量	1.1 kg	送样者	吴洪
抽样基数	----	原编号或生产日期	----
检验依据	NY 525-2012	检验项目	全项
所用主要仪器	凯氏定氮仪（WZJ-043）；可见分光光度计（WZJ-016）；原子吸收分光光度计（WZJ-004）；原子荧光光度计（WZJ-059）等	实验环境条件	符合标准要求
检验结论	该送检样品经检验，符合 NY 525-2012 的规定，判定为合格。签发日期 2020 年 10 月 20 日		
备注	样品信息由委托单位提供。		

批准：　　　　审核：　　　　制表：

农业农村部微生物产品质量监督检验测试中心（武汉）

检 验 结 果 报 告 书

共 2 页 第 2 页

序号	项目名称	单位	检测数据	指标要求	单项结论
1	有机质的质量分数（以烘干基计）	%	61.6	≥45	符合
2	N（以烘干基计）	%	3.64	/	/
	P_2O_5（以烘干基计）	%	3.25	/	/
	K_2O（以烘干基计）	%	1.13	/	/
	总养分	%	8.02	≥5.0	符合
3	水分（鲜样）的质量分数	%	20.87	≤30	符合
4	酸碱度（pH）		7.5	5.5–8.5	符合
5	粪大肠菌群数	个/g	阴性	≤100	符合
6	蛔虫卵死亡率	%	未检出蛔虫卵	≥95	符合
7	铅（以烘干基计）	mg/kg	3.7	≤50	符合
8	镉（以烘干基计）	mg/kg	未检出（<0.1）	≤3	符合
9	汞（以烘干基计）	mg/kg	未检出（<0.02）	≤2	符合
10	砷（以烘干基计）	mg/kg	2.7	≤15	符合
11	铬（以烘干基计）	mg/kg	19.5	≤150	符合
备注	以下空白。				

续图 4–20

图 4–21　水稻育秧基质产品和果蔬育苗基质产品

（四）工程效益

该案例示范项目年总成本费用 3100 万元，其中年运行成本 2500 万元，年折旧费 600 万元。运行成本主要包括：原辅料 1545 万元（含有机肥生产相关原料和辅料），人工 200 万元，燃料动力 325 万元，包装费及其他成本 180 万元，维修保养 50 万元，管理费用、销售费用、财务费用 200 万元。

年销售收入 4000 万元，其中沼气发电收益 400 万元，生物天然气收益 1350 万元，有机废弃物处理费收入 100 万元，有机肥、基质、水溶肥收入收益 2150 万元，年利润 900 万元，投资回报率 8.57%，投资回收期 11.5 年。

该项目年产 1225 万立方米沼气，折合 637 万立方米生物甲烷，实现年节约 8575 t 标准煤（按照每立方米沼气完全燃烧后，能产生相当于 0.7 kg 的标准煤提供的热量换算）。

施用有机肥料改良土壤的过程中，替代化肥可实现 30% 以上的化肥减量化，减少化肥原料开采、生产、运输和施用所产生的碳排放，自 2018 年以来湖北绿鑫生态科技有限公司已持续完成 3.5 万亩土壤改良项目，一方面增加了项目收益，另一方面实现了将碳以有机质的形式封存于土壤，生态效益显著。经核算，本项目每年可综合减少温室气体排放为 2.4 万吨二氧化碳当量，如图 4-22 所示。

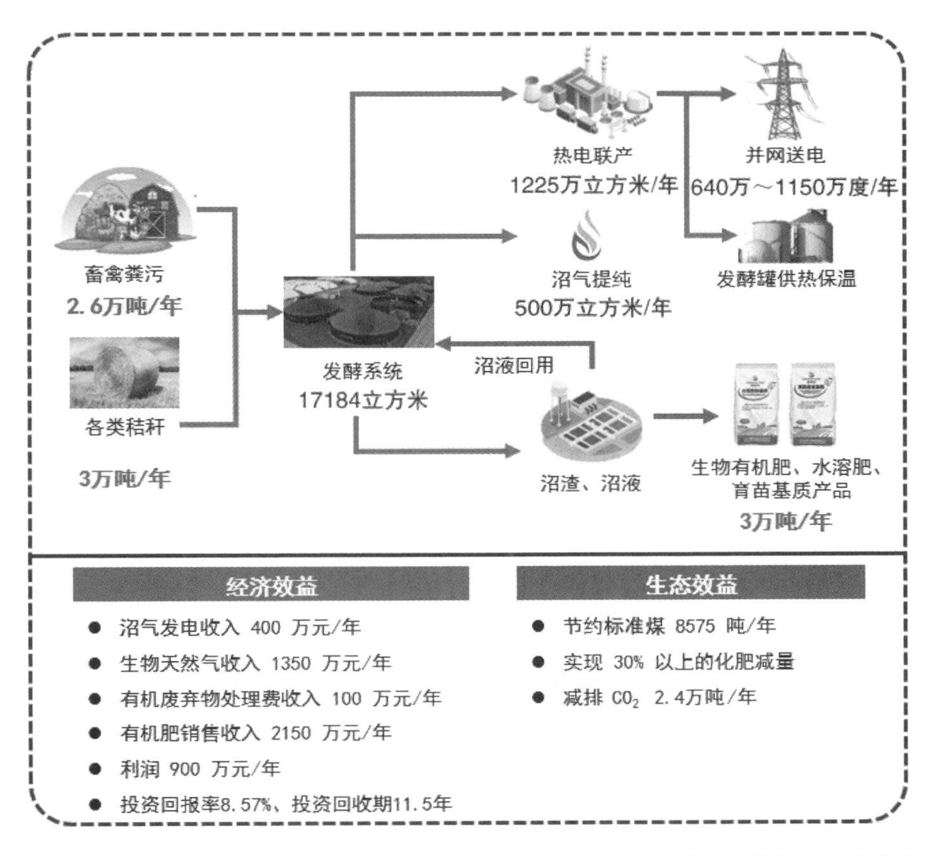

图 4-22　湖北绿鑫生态科技有限公司生物天然气工程案例项目整体运行物质流及效益分析

四、特大型沼气工程循环农业模式的推广条件

（一）适宜区域

该模式适宜区域首先要具备丰富的原料资源，如周边要有大型家畜养殖场、食品加工厂、食

用菌栽培基地等；其次要有支持产业发展的国家政策或产业发展规划、城市建设规划；再次周边200 km范围内有大面积用于农业生产的土地，特别是万亩果蔬茶等经济作物产业的土地更好。具体选址还要考虑应有完善公共设施（要集约用地且要保留发展空间，水、电、交通基础设施完善），远离水源地、居民区、易发或潜在自然灾害威胁区。

（二）配套要求

特大型沼气工程应优先选择具备畜禽粪污、秸秆、农产品加工有机废弃物等原料收集经营权的地区，并形成农业有机废弃物区域化全利用的收集体系，同时应优先具备生物燃气、生物有机肥就近就地销售体系。厂址选择必须满足工艺、消防、卫生防疫等防护距离的要求，并依据项目所处地理位置及地质水文条件，确定与相邻居住区的防护距离及区域关系。生产过程中物料的运入运出量与厂址所具备的交通环境紧密相关。

第二大类　秸秆利用类

模式五
秸秆收储中心建设与运行模式

一、模式背景

湖北省作为我国的农业大省，每年可产生约三千多万吨农作物秸秆。若将其作为非粮生物质能源原料，开发潜力巨大，应用前景广阔。农作物秸秆原料的收集、运输和储存过程中存在着生产成本消耗不稳定、统筹规划不合理的问题，且具有生产的季节性、收集的集中性和产品的松散性等特点，给利用秸秆进行生产的企业提出收储运的特殊要求。秸秆密度较低、质轻松散，增加了收集、运输的成本；同时原料可收集时间短，又增加了其库存成本。因此，秸秆原料的收储运环节已成为制约秸秆资源化、规模化利用的主要瓶颈。

目前，随着国家禁烧秸秆力度的增强，以及秸秆综合利用项目的推进，秸秆收储运体系在湖北省已经取得了一定的发展，部分地区已经建立起区域性的典型秸秆收储运模式。这对当地秸秆的标准化及商品化利用具有积极促进作用，同时进一步推动了秸秆综合利用业的健康发展。

二、技术要点

（一）概述

该模式主要包含两种收储运模式。

一种是分散型收储模式（见图 5-1），即收储中心与农户互利模式。该模式主要针对收储中心周边乡镇内秸秆收储。采取方式是收储中心与种植农户签订秸秆回收与土地耕作协议。由收储中心组织作业机械对种植户秸秆进行回收并耕地，同时给予农户相应的收购费用，这样既给农户增加了收入，又解决了作物秸秆回收成本的问题。

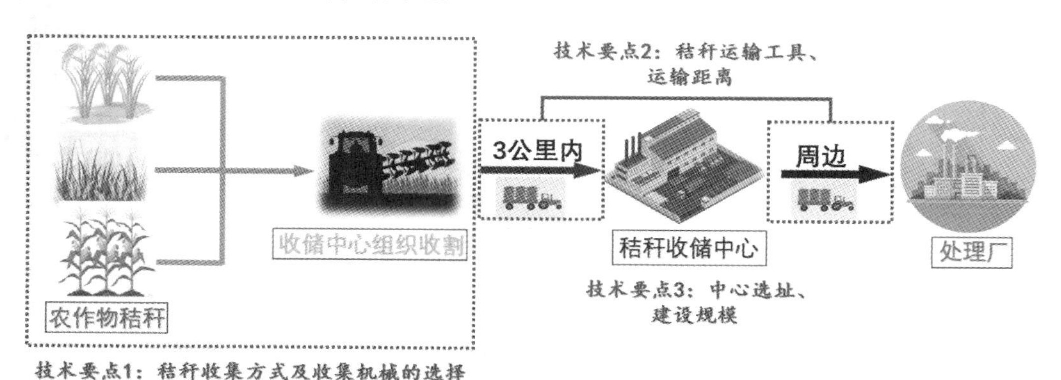

图 5-1　分散型收储模式（农户—收储中心）

另一种则是集中型收储模式(见图 5-2)。收储中心在较远的秸秆集中区域,聘请经纪人设立收储点,集中收储秸秆原料。收储中心按质论价,对经纪人收储的秸秆进行收购,经过粉碎、打捆等处理后再销售给有需求的企业。

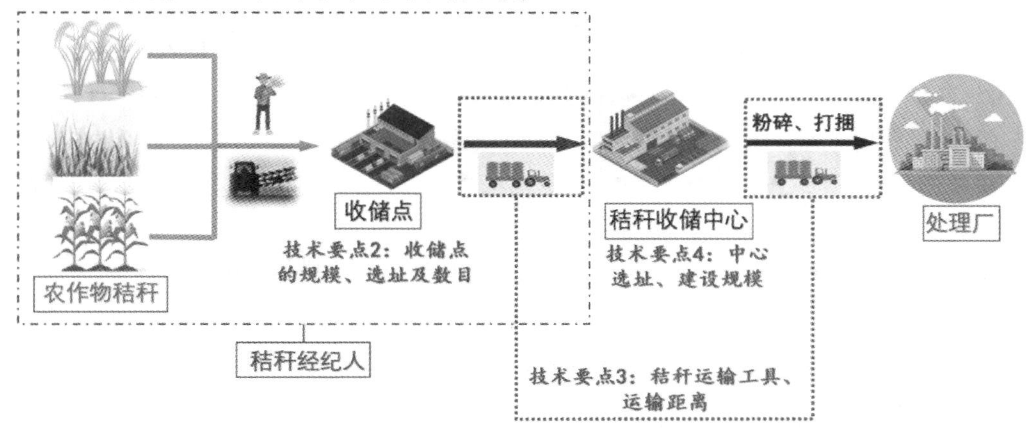

图 5-2 集中型收储模式(秸秆经纪人—收储中心)

通过两种模式的推广,实现"种植农户自己送,收储中心主动收",不但有助于解决农作物秸秆集中收储运难度较大、成本较高的问题,而且改变了农民秸秆焚烧观念,提高了农户种地的积极性,减少了土地撂荒情况的发生。

(二)关键技术环节

秸秆收集方面的选择:秸秆种类选择、收集方式的选择、机械设备的选择。秸秆收集种类主要根据当地种植作物的产量与可收集程度进行选择。秸秆收集方式有:打捆收集、田间粉碎收集。根据实际秸秆分布量及地势环境,合理进行收集。

秸秆储存方面的选择:收储点的选择、建设与布置;确定合适的收储半径;收储中心的选择、建设与布置。根据当地的实际情况,在选择合适收储半径的基础上合理选择村级收储站和乡级收储中心的建设地点与建设数目。同时依据运输、防火、防爆、环境、卫生等方面的要求进行统筹安排、合理布局。

秸秆运输方面的选择:运输工具的选择等。运输距离在 10 km 以内时,秸秆可采用农用车辆运输;运输距离超过 10 km 时,应采用专用车辆运输。

(三)相关标准及规范

相关标准及规范参考《秸秆收储运体系建设规范》(GH/T 1270—2019)、《农作物秸秆资源调查与评价技术规范》(NY/T 1701—2009)、《沼气生产用原料收贮运技术规范》(NY/T 2853—2015)、《农作物秸秆综合利用技术通则》(NY/T 3020—2016)、《能源化利用秸秆收储站建设规范》(NY/T 3614—2020)、《稻麦秸秆机械化收储运技术规范》(DB34/T 3935—2021)、《农作物秸秆标准化收储点建设技术导则》(DB34/T 4078—2021)、《农作物秸秆收储运技术规范(征求意见稿)》、《谷子秸秆储存技术规程》(DB14/T 2080—2020)、《玉米秸秆黄贮技术规程》(DB34/T 3872—2021)、《圆草捆打捆机》(GB/T 14290—2021)、《方草捆打捆机作业质量标准》(NY/T 1631—2008)等。

三、案例分析

典型案例1：汉川市小型秸秆收储中心建设（分散型—小规模）

（一）基本情况

杨林沟镇是汉川市的农业大镇，农作物资源丰富，种植结构多样，主要粮食作物有水稻和玉米。汉川市昌润秸秆专业合作社作为杨林沟镇主要的秸秆收储中心之一，是一家专门收购玉米秸秆进行青贮饲料生产销售的企业。每年收购的玉米种植地可达3万亩，主要收集地包括杨林沟镇、庙头镇及南河乡等周边乡镇，同时在三个乡镇场建有临时秸秆收储点，每个收储点存储量为200 t～300 t。

汉川市昌润秸秆专业合作社建于2016年。其工厂位于汉川市杨林沟镇白鱼赛村，建筑面积约1800 m^2，总共有40名工作人员，其中包括1名主管、1名分管、1名会计及其他作业人员。该合作社主要由政府主导协调开展，自行投资建设与管理运营。

（二）工程概况

1.工程建设的主要内容

该秸秆收储中心建于杨林沟镇白鱼赛村农田中的公路旁，建设有1200 m^2 的秸秆饲料储存场、450 m^2 的机械设备存放地以及150 m^2 的办公区（见图5-3）。储存场建于地势平坦区，由于打包后的青贮饲料包进行了防水处理，为了节约建设成本，储存场并无搭棚遮雨，为露天场所。

图5-3　汉川市昌润秸秆专业合作社秸秆收储中心

收储中心内主要配备有地磅、秸秆收割机、秸秆粉碎机、抓草机、铲车、拌料打包一体机等机械设备（见图5-4）。为了保障消防安全，储存场内设置了防火警示标识，并按照有关规定设置了消防栓、灭火器等消防设施和器材。

图 5-4　秸秆收储中心内的机械设备

2.工程建设的投资情况

该秸秆收储中心总投资 230 万元,其中建筑投资约为 120 万元,设备投资约为 110 万元,项目建设资金均为自筹。建筑投资主要是厂房建设,设备投资主要是以下设备的采购,秸秆收储运相关设备参数如表 5-1 所示。

表 5-1　秸秆收储运相关设备参数

设备	数量（台）	来源	单价（万元）	补贴（万元）	功率（马力）	工作效率(t/h）	装载量（t）
大型收割机	2	自购	30	2	140	10	—
小型收割机	1	自购	9	—	100	4	—
抓草机	1	自购	8	—	80	3	—
铲车	1	自购	10	1	120	4	1.8
货车	1	自购	8	—	180	—	8
秸秆粉碎机	1	自购	4	—	400	10	—
拌料打包一体机	1	自购	14	—	220	20	—

（三）运行模式

1.分散型收储模式

该合作社的秸秆收储运模式为分散型,即合作社直接从农户手中收购玉米秸秆。玉米秸秆主要来源于所在乡镇及周边乡镇的农田,每年总收储销售量可达 3 万吨。通常以 20 元 / 亩直接从农户手中收购，若农户自行送货上门则为 230 元 / 吨，其中从农户手中直接收购的年收集量约占 40%，而农户自行送货上门约占 60%，每年秸秆收购成本为 456 万元。收集的玉米秸秆经预处理后，卖给周边养殖场，这些养殖场主要将青贮储存发酵 45 d 左右后的玉米秸秆用作畜禽饲料。收购的秸秆在 70 h 内经打包处理制成青贮饲料后，利用秸秆粉碎机粉碎，通过秸秆拌料打包一体机打包成如图 5-5 所示的包裹（一包青贮饲料 120 斤），再根据销售方的订购量集中运往各个养殖场。

图 5-5　玉米秸秆打包成型后的青贮饲料包裹

2.运行成本

秸秆收储运即收集、储存和运输各环节的成本明细如表 5-2 所示。

表 5-2　收储中心运行成本明细

类型	运行支出	单价	数量	合计
收集成本	农田收集	20 元 / 亩	1.2 万亩	24 万元
	农户自收	240 元 / 吨	1.8 万吨	432 万元
运输成本	农田—收储中心	90 元 / 吨	1.2 万吨	108 万元
	收储中心—养殖场	90 元 / 吨	3 万吨	270 万元
其他成本	打包	30 元 / 吨	3 万吨	90 万元
	搬运	20 元 / 吨	3 万吨	60 万元
	燃油	2 元 / 吨	3 万吨	6 万元
人工成本	管理财务人员	6000 元 / 月	3 人	18 万元
	司机	6000 元 / 月	7 人	27 万元
	其他员工	30 元 / 吨	30 人	135 万元

秸秆运输费用主要分为两个部分：一是将散秆从农田运输至秸秆收储中心进行预处理储存；二是将打包完成后的青贮饲料秸秆按需求运往各个养殖场。主要成本在于人工驾驶费以及燃油费，约为 90 元 / 吨。按年收集秸秆量 1.2 万吨来算，秸秆收集总共运输成本为 108 万元，合计收集与销售每年运输费用达 378 万元。

秸秆收储过程中所产生的其他费用主要是秸秆粉碎后进行打包成型的费用、收集运输过程中工人的搬运费用以及收集搬运过程中机械设备所产生的燃油费。打包费用每年约 90 万元，搬运费用可达 60 万元，而柴油每年约为 7 吨，一般是与当地的加油站合作，购买的柴油存放于加油站，而后按需使用，每年燃油费约为 6 万元，则总的其他成本为 156 万元。

整个收储运过程所涉及的人员包括管理财务人员、驾驶机械设备的司机人员以及其他相关作业人员。其中管理财务人员 3 人，每年需工作 10 个月，年工资费用为 18 万元；驾驶机械设备的司机人员 7 人，每年需工作 6～7 个月，年需支付工资 27 万元；其他相关作业人员 30 人，每年需工作 6 个月，每年总共需支付工资 135 万元。综合来看，人员工资总成本为 180 万元。

（四）工程效益

1.经济效益

该收储中心所生产的青贮饲料主要运往各个养殖场进行销售，通常卖出的青贮饲料单价为 430 元 / 吨，每年所产生的收益为 1290 万元。按照汉川市秸秆综合利用补贴标准，秸秆收储中心每处理 1 吨秸秆补贴 50 元整。

该案例项目秸秆收储中心总投资 230 万元，年运行成本 1170 万元，秸秆年销售收益 1290 万元，则年利润为 120 万元，平均每吨秸秆的利润约为 40 元，投资回报率 52.2%，投资回收期 1.9 年。

2.社会及生态效益

秸秆收储中心建设作为秸秆综合利用过程中的必要组成部分，在一定程度上促进了秸秆综合利用产业化、市场化的发展，在减少环境污染、改善农村居住环境的同时，缓解了农民就业压力，增加了农民收入。该秸秆收储中心不仅给农民带来了每亩 20 元的收益，而且解决了秸秆的后处理问题，给农民节约了 90 元 / 亩的机械收集成本，取得了良好的效益。

典型案例2：汉川市大型秸秆收储中心建设

（一）基本情况

汉川市脉旺镇位于江汉平原腹地，地处汉江中下游，农业资源丰富，粮食作物以水稻为主，秸秆资源充沛。湖北优环农业发展有限公司作为脉旺镇最大的秸秆收储运主体，创立于 2017 年，是一家以促进农业循环为己任，以科学收储利用农业秸秆为核心业务的农业服务型企业。公司核心团队具有多年大规模运作中稻稻草打捆离田、储运、加工、销售的经验，已经具备以牛羊饲料和生物质能源为主、以板材原材料和草菇栽培等多种用途为辅的完善的综合处理利用资源和体系。

公司总部脉旺工厂位于汉川市脉旺镇桃鹤路 1 号，拥有约 13000 m^2 工业厂房作为秸秆的加工车间，并积极与回龙、二河、华严、中州等多个主要粮产乡镇协调建设秸秆收储基地，已形成一个总部三个固定基地五个临时场地的收储运体系，能确保一条龙高质量作业。2021 年基本完成汉川 20 万亩稻草打捆离田及综合利用工作，2022 年增加 2 个固定基地，完成 30 余万亩稻草打捆离田，综合利用秸秆 10 余万吨。

该秸秆收储中心主要由政府主导、统筹协调，湖北优环农业发展有限公司为经营主体，进行管理运营。

（二）工程概况

1.工程建设的主要内容

由于收储面积较大，湖北优环农业发展有限公司按稻田面积方圆 6 km 范围内设立一个收储中心，每个收储中心配备必要的人员负责组织协调所负责区域乡镇收储作业，目前有脉旺、回龙、二河三个主要收储中心。其中总部即脉旺工厂位于脉旺镇桃鹤路 1 号，建设有 4000 m^2 的秸秆加工储存场、8000 m^2 的仓库以及 1000 m^2 的绿化带和道路设施，其中加工储存场和仓库的净高约为 7.5 m。回龙工厂则位于汉川市回龙镇老荷沙公路边，于 2020 年建成投入运行，占地面积 28000 m^2，最大的收储量为 15000 t。

2.工程建设的投资情况

该公司建有三个秸秆收储中心。每个秸秆收储中心的投资为 600 万元，其中基础建设投资 500 万元，设备投资 100 万元，三个秸秆收储中心的总投资达 1800 万元。基础建设投资主要是秸秆加工储存场和仓库的建设。设备投资主要是表 5-3 所示相关设备的采购。项目建设投资资金均为企业自筹。

表 5-3　秸秆收储运相关设备

设备	数量（台）	来源	单价（万元）	功率（马力）	工作效率（t/h）	装载量（t）
大圆捆打捆机	3	自购	13	200	30	—
搂草机	2	自购	1.8	80	3	—
抓草机	3	自购	7	200	1	—
大方包打包机	1	自购	18	220	5	—
割草机	2	自购	2	120	1.5	—
捡包机	1	自购	4.1	100	15	—
秸秆粉碎机	1	自购	7	280	5	—
除尘器	1	自购	1.8	—	—	—
颗粒压块机	1	自购	25	180	5	—
地磅	1	自购	11	—	—	100
拖拉机	2	自购	15	250	—	15
挖机	1	自购	15	65	1	—

（三）运行模式

1.集中型秸秆收储模式

该公司收集的秸秆种类包括稻草秸秆、小麦秸秆以及油菜秸秆，由于种植结构的差异，还是以稻草秸秆为主，收集地点覆盖了 9 个乡镇，总农田收集面积超过了 15 万亩。每个秸秆收储中心负责人根据区域稻田面积合理配置作业机械，对接各村组农户，按水稻收割进度安排机械打捆离田运输到收储中心，收储中心根据入库秸秆数量结算各团队各机械作业费用，公司根据秸秆质量分类出货，价格从 200 元 / 吨到 600 元 / 吨不等。收储中心收储半径一般为 6 km，平均运输距离一般不超过 10 km，每年 10 月份是最集中收储时间，9、11、12 三个月为辅助收储时间，两台打捆机一个搂草机为一个团队。每个团队每天可以收储 200 t 左右，每年可以收储 60000 t 左右，每个收储中心根据稻田面积确定配套的团队数量。

该公司总部脉旺工厂作为脉旺镇内规模最大的秸秆收储中心，在外雇佣其他已组建完成的专业秸秆收储队，由收储队在田间打捆成每包近 500 斤的大圆捆，进行收集装车后，直接运送至分散在各个乡镇的秸秆收储中心进行储存。在收储中心内通过粉碎加工打包成约 800 斤一包的中型方捆，以便于运输，或经过压块、成分转化等方式，生产燃烧值较高、无污染的“生物质颗粒”，再根据需求运往各个秸秆综合利用企业。

2.多种不同秸秆销售渠道

该公司涉及业务范围较广，生产销售的秸秆产品较为多样，且与多种不同类型的秸秆综合利用相关企业都有合作，包括牛羊养殖企业、生物质燃料利用企业、板材制造企业、草菇种植企业及有机肥料生产企业等，其中以牛羊养殖企业和生物质燃料利用企业为主，以板材制造、草菇种植和有机肥料生产等其他企业为辅。

3.秸秆质量分级销售模式

不同于以往的秸秆收储销售模式，该公司根据秸秆的干燥程度和清洁度对所收集的秸秆进行质量分级，按照不同秸秆综合利用企业的需求，将干燥程度和清洁度较高的秸秆经预处理后打包销售给养殖场、板材制造企业；将干燥程度和清洁度不太高的秸秆则可以通过压块、成分转化等方式，生产成燃值较高、无有害污染的生物质颗粒，为发热供暖、电厂发电和锅炉使用企业提供能源；而将干燥程度和清洁度最差的、无法用作秸秆饲料化和能源化生产的秸秆运往草菇种植企业或者有机肥加工企业。对秸秆进行分级销售，在一定程度上避免了秸秆资源的浪费，同时给企业带来了更大的经济效益。不同类型的秸秆产品如图 5-6 所示。

图 5-6　不同类型的秸秆产品

秸秆收储运即收集、储存和运输各环节的成本明细如表 5-4 所示。

表 5-4 收储中心运行成本明细

成本类型	运行支出	单价	数量	合计
收集成本	收储队打捆收集	100 元 / 吨	6 万吨	600 万元
运输成本	农田—收储中心	100 元 / 吨	6 万吨	600 万元
其他成本	绳子	0.4 元 / 吨	10 t	4 万元
	薄膜	1.2 元 / 吨	5 t	6 万元
	燃油	13 元 / 吨	6 万吨	78 万元
人工成本	管理人员	6000 元 / 月	40 人	144 万元
	其他作业人员	6000 元 / 月	120 人	288 万元

各类秸秆产品销售的单价、数量及总计收益明细如表 5-5 所示。

表 5-5 各类秸秆产品销售的单价、数量及收益明细

产品类型	单价（元 / 吨）	年销售量（万吨）	合计（万元）
秸秆饲料	500	1.8	900
生物质燃料	200	1.8	360
秸秆板材	300	0.3	90
草菇基质	350	1.8	630
有机肥	200	0.3	60

（四）工程效益

1.经济效益

该案例项目三个秸秆收储中心的总投资达 1800 万元，年运行成本为 1720 万元，秸秆年销售收益为 2040 万元，所以年利润为 320 万元，平均每吨秸秆的利润约为 53 元，投资回报率 17.8%，投资回收期 5.6 年。

2.社会及生态效益

大规模秸秆收储中心的建设促进了秸秆资源、劳动力资源和机械设备资源的高效利用，带动了多个收储点附近的农民积极参与秸秆收储，农民的经济收入明显增加。收储中心的建设可有效杜绝秸秆焚烧，防止大气污染。与此同时，大规模的秸秆收储企业作为秸秆收储利用的示范企业，模范带头作用显著，取得了良好的社会反响。

典型案例3：长阳土家族自治县秸秆信息化管理技术

长阳土家族自治县在企业微信上创建了秸秆综合利用采集程序，如图 5-7 所示。该程序可以

由秸秆利用的企业主体和农户来进行填写。农户对二维码进行扫描，输入姓名、时间、位置等信息，发布秸秆收集通知。企业主体可以根据相关信息进行收集，并及时将秸秆收集照片上传有关部门做好备案。

图 5-7　秸秆综合利用采集程序

后期，需进一步对秸秆利用过程实行信息化管理，设计专业的秸秆利用管理软件，便于农民操作和相关部门监督管理。

四、推广条件

（一）适宜区域

秸秆收储中心适宜建设于农作物秸秆资源丰富、交通便利、地势较为平坦的地区。由于大型秸秆收储中心有一定的建设规模，当地的秸秆资源可能无法满足，需从其他较远的地区进行集中收集然后储存。所以在满足经济条件的基础上，应在秸秆产地合理半径区域内适当预留田块场地用于大型秸秆收储中心的建设。对于小型秸秆收储中心，由于投资成本较低，占地面积不大，适宜建于秸秆资源丰富的农田周围。

（二）配套要求

秸秆收储中心宜根据实际需要，配备秸秆全水分、灰分等必要的检验仪器设备，以及地磅、粉碎机、打捆机、抓草车、叉车、码垛机等设备设施。秸秆收储中心四周及重点区域应安装监控设备，监管范围全覆盖，且必须设置防火警示标识，按照有关规定设置消防水池、消防栓、灭火器等消防设施和消防器材。

模式六
秸秆标准化还田及有机肥料化利用模式

一、模式背景

农作物秸秆中含有丰富的氮、磷、钾等营养元素以及有机质，可为农作物提供营养，补充和平衡土壤养分。作为秸秆综合利用的重要方式，秸秆还田不仅可以避免焚烧对环境的污染，而且可以培肥地力、提高作物产量，连续多年秸秆还田的耕地，可提高地力 0.5～1 个等级，实现亩产增幅在 15% 左右。秸秆在有机肥中含钾量最高，秸秆还田可有效缓解土壤中钾的大量亏损，秸秆还田对土壤有机质提升，容重和孔隙度等土壤结构改善，土壤腐殖质和土壤微生物数量平衡等均有着主要作用。相较于其他秸秆综合利用方式，秸秆还田更为简单、直接、快捷且成本低廉。

二、技术要点

（一）概述

目前农作物秸秆肥料化方式以秸秆还田为主。分成两大类：一类是直接还田，另一类是加工成有机肥等肥料后还田。农作物秸秆肥料化还田方式有很多，例如直接粉碎还田、覆盖还田、快速腐熟或者堆沤制成有机肥还田等多种方式。

农作物秸秆直接粉碎还田是指农作物在机械收获时由机械粉碎机将农作物秸秆进行粉碎处理，抛撒到田间，再经过旋耕翻压、浸水泡田等过程，使农作物秸秆在田间自行腐烂，为土壤提供营养元素和有机质。农作物秸秆加工成有机肥还田是指秸秆收集完成后，打包运送到加工场地，经过适当的截断、粗粉碎并制粒，按照需要加入水分、养分、秸秆腐熟剂，堆积发酵 30 d 左右，中间翻堆通气。发酵结束后，化验水分、养分等含量，符合要求后，制粒或粉状装袋出厂。

（二）关键技术环节

秸秆的粉碎与切断：秸秆如果不经粉碎、截断，直接堆肥发酵，在翻堆过程中秸秆容易缠绕操作工具和设备致其不能工作，目前常规堆肥设备尚不能解决这一问题。若采用铲车翻堆，又做不到翻料的均匀和一致，发酵周期将延长一倍以上，效率低，无法进行工业化生产。

发酵过程补水：在堆肥发酵过程中由于秸秆持水性差，物料水分散失快，需要中间补水，而实际中较难实现，这为秸秆堆肥增加了较大困难。

（三）相关标准及规范

相关标准及规范参考国标《微生物肥料质量安全评价通用准则》(GB/T 41728—2022)、《复合型微生物肥料生产质量控制技术规程》(GB/T 41729—2022),以及地方行业标准《芦笋秸秆肥料化和饲料化综合利用技术规范》(DB3304/T 063—2021)、《秸秆有机肥料田间积造技术规范》(DB23/T 1838—2017)、《秸秆生物有机肥料》(DB34/T 2739—2016)等。

三、案例分析

典型案例1：湖北弘益农业发展有限责任公司

（一）基本情况

湖北弘益农业发展有限责任公司于2020年成立。该公司以绿色发展为理念,以种养结合、农牧循环、就近消纳、综合利用为方向,构建一种绿色循环可持续发展模式(该公司现种植国家地标产品红安苕400亩、优质稻谷600亩,运营年生产规模20万只的自动化养鸡场,建成秸秆与畜禽粪污为混合原料的年产5万吨有机肥生产线)。

（二）工程概况

该工程土地、厂房道路建设、有机肥厂建设以及自动化养鸡场建设等共计投入2000余万元。其中:固定资产投资1900万元,其他资金100万元。项目建设用地约45亩,流转撂荒土地2000亩。工程总建筑面积26000 m^2,包括建设10000 m^{2}规模达到50万只蛋鸡的标准化自动养鸡厂房,6000 m^{2}有机肥厂配备年产5万吨有机肥生产线、1800 m^{2}农产品加工厂、2800 m^{2}饲料加工厂、3000 m^{2}水肥处理中心等。

该工程有机肥厂年产能规模超3万吨,按秸秆和畜禽粪污3∶7配方转化成各种标准有机肥,秸秆混合畜禽粪污发酵如图6-1所示,秸秆用量能超1万吨,除处理本公司产生的鸡粪外,还处理周边养殖场产生的粪污,同时就近消纳和综合利用周边大量农作物秸秆。配套有机肥厂(现有产能3万吨/年以上,后期准备扩大至5万吨/年以上),对农作物秸秆和畜禽粪污进行充分综合利用。湖北弘益农业发展有限责任公司生产的有机肥产品如图6-2所示。

图6-1 秸秆混合畜禽粪污发酵

图 6-2　湖北弘益农业发展有限责任公司生产的有机肥产品

（三）运行模式

在传统养殖业(即 20 万只规模化蛋鸡养殖)基础上,配套有机肥厂、粪污集中收集和处理中心,耦合实现畜禽养殖污染治理和秸秆资源化利用。在传统种植业基础上,发展千亩红薯、优质稻谷等有机农业种植基地,以规模化蛋鸡养殖为有机农业种植提供肥料来源,完善红薯储存和配套的红薯加工,形成一个完整的种养加销的全链条循环产业链,并同时形成了“蛋鸡养殖 + 有机种植基地”的全养分循环链。

种养循环基地运行采用了“沼渣 + 秸秆混合堆肥”和“沼液 + 水肥一体化”两种技术模式。畜禽粪污集中收集后经黑膜沼气池发酵后经固液分离,分离后固体的沼渣部分在有机肥厂与秸秆混合好氧发酵堆肥;分离后的沼液部分经储肥池、过滤池、调节池、灌溉管网等水肥一体化基础设施,用管道输送至周边沼液消纳有机种植基地,包括红安品牌农产品“红安苕”、有机果蔬、优质稻谷等有机农产品种植园区,同时配合以吸污车将沼液输送至签订协议的苗木基地、茶园等,沼液处理利用能力 20000 吨 / 年。

（四）工程效益

1.经济效益

蛋鸡养殖年产蛋 2200 t,年生产销售红薯及制品 2000 t,生产有机肥 30000 t,实现年销售收入 3000 万元,实现年利润 350 万元。

2.社会及生态效益

高效率实现养殖粪污及作物秸秆的资源化利用。畜禽粪污处理中心年处理2.4万吨养殖粪污，秸秆资源化利用1万吨，带动周边150户养殖户粪污处理及利用，实现2000亩土地减少化肥使用1000吨。

高密度带动养殖业发展和农民增收。联合带动太平桥镇150户养殖户发展，秸秆收购每年300万元，给农民带来了每亩100元的收益，带动当地200人灵活就业和农户种植增收。

典型案例2：汉川市优环秸秆利用有限公司秸秆肥料化利用

（一）基本情况

为促进秸秆资源转化为有机肥利用，同时减轻因增施化肥导致的农业面源污染，提升农产品品质，促进农业可持续发展，汉川市生态能源站和华中农业大学联合湖北优环农业发展有限公司，在汉川市庙头镇李家口村四梅种养殖专业合作社建立秸秆有机肥试验基地。

（二）工程概况

该中心依托华中农业大学发酵工程实验室先进技术，以农业废弃秸秆为主要原料，通过高效微生物菌种组合及营养调节，采用现代生物发酵技术生产。

该秸秆生产车间约13000 m^2，主要配备有田间收集打包成套作业设备、秸秆包转运叉车、秸秆运输车辆、秸秆粉碎和制粒成套设备、翻料设备、秸秆制粒设备以及秸秆打包机等。湖北优环农业发展有限公司秸秆车间关键设备如图6-3所示。

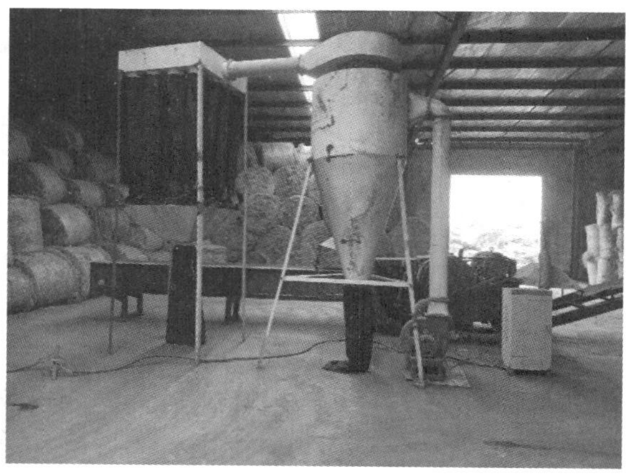

图6-3　湖北优环农业发展有限公司秸秆车间关键设备

（三）运行模式

该项目建立了将秸秆粗粉碎后再制粒，并结合项目开发的秸秆堆肥针对性的专用秸秆堆肥腐熟剂的形成高效秸秆堆肥新工艺，打通了秸秆堆肥的多项技术瓶颈通道，实现了秸秆堆肥过程中秸秆物料不缠绕，密度大，保水强，发酵快，有效解决了秸秆堆肥普遍存在的问题。秸秆堆肥车间生产现场如图6-4所示。

图 6-4　秸秆堆肥车间生产现场

四、推广条件

（一）适宜区域

秸秆肥料化中心适宜建设于农作物秸秆资源丰富、养殖粪污等混合原料供应充足、交通便利、地势较为平坦的地区，便于收购原料，同时应优先考虑周边农业种植中有机肥需求量大的区域以便开发秸秆有机肥产品市场。另外，秸秆肥料化中心应考虑对周边居民生活区的影响，宜远离生活区。

（二）配套要求

秸秆粉碎制粒需根据实际需要配备秸秆粉碎、制粒等关键设备，肥料化阶段需要配备翻料、肥料打包等设备。在秸秆粪污混合堆肥生产有机肥阶段，需要专门的技术人员根据原料来源、原料配比和环境条件，进行工艺调整及改进。

模式七
秸秆、农林废弃物资源化集群化能源化利用模式

一、模式背景

湖北省农作物秸秆资源丰富，利用方式多样。秸秆作为优质的生物质能，可部分替代化石能源，减少对化石能源的依赖。秸秆的资源化、集群化和能源化利用是解决我国化石能源带来问题的有效途径。

我国政府出台了一系列政策推进秸秆能源化利用，目前已经开发出了如秸秆热解产炭气油、秸秆生物质成型燃料等利用方式。推进秸秆能源化利用能够有效地将农林废弃物变废为宝，同时可以加快农村地区调整优化能源结构，增加可再生替代常规能源消费量，缓解农村能源短缺压力。

二、技术要点

（一）概述

秸秆热解技术是生物质资源化利用的主要技术之一。热解是在缺氧或无氧条件下，经过热化学过程将秸秆生物质转化为生物气、生物油和生物炭等高附加值产品的技术，可根据工艺细分为热解气化、热解液化和热解炭化。秸秆催化热解过程是生物质大分子利用热能不断解聚、再聚合和重组的过程，且各阶段交叉进行，并非界限分明。生物质先在干燥阶段脱水，继而从预热解阶段进入热化学反应阶段，并在催化剂作用下发生脱氧、脱羰和低聚反应，最终生成生物气、生物油和生物炭产品。热解产品可用于供热、发电和合成化学品等，秸秆热解催化工艺如图 7-1 所示。

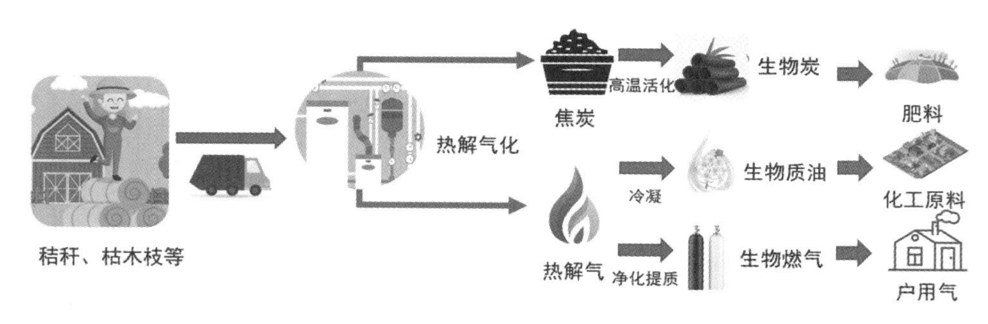

图 7-1　秸秆热解催化工艺

秸秆固化成型技术是指在一定压力和温度下，将松散的秸秆原料压缩成规则、密度较大的成型燃料的技术。成型后的秸秆燃料在运储效率和燃烧供热效率方面均有提高，体积缩小了 80%，单位质量热值提高了 40%～60%，是替代原煤等常规燃料的优质选择。秸秆制固化成型燃料工艺如图 7–2 所示。

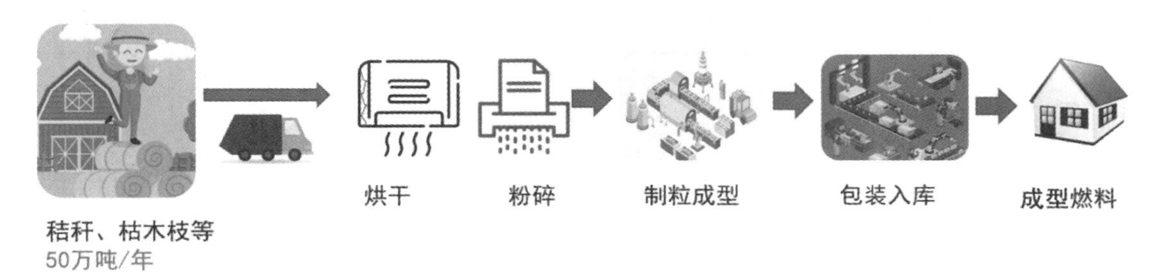

图 7–2　秸秆制固化成型燃料工艺

（二）关键技术环节

秸秆热解技术：通过高温作用将秸秆分解成各种有机物质的技术。该技术通过加热，使秸秆内部的化学键断裂，从而将秸秆中的有机成分转化为气态、液态和固态产品。其中，气态产品主要是一些有机酸、芳香烃和烷烃等；液态产品主要是热解油、生物油和醇类；固态产品主要是生物质炭和灰渣等。

生物质压缩成型燃料技术：在一定温度和压力作用下，利用生物质原料中的木质素充当黏合剂，将各类分布散、形体轻、储运困难、使用不便的生物质原料经压缩成型和炭化工艺，加工成具有一定几何形状、密度较大的成型燃料，以提高燃料的热值，改善燃烧性能，使之成为商品能源的技术。该技术也称为“压缩致密成型”“致密固化成型”“生物质压块”。

“热压缩”颗粒成型技术：把粉碎后的生物质在 220～280 ℃高温及高压下压缩成 1.1～1.4 t/m^3 的高密度成型燃料的技术。“热压缩”颗粒成型技术的工艺由粉碎、干燥、加热、压缩、冷却过程组成。对成型前粉料含水率有严格要求，严格控制在 8%～12%。

“冷压缩”颗粒成型技术：也称湿压成型工艺技术，对原料含水率要求不高。其成型机理是在常温下，通过特殊的挤压方式，使粉碎的生物质纤维结构互相镶嵌包裹而形成颗粒。因为颗粒成型机理的不同，“冷压缩”技术的工艺只需粉碎和压缩两个环节。其特点：“冷压缩”技术与“热压缩”技术相比，具有原料适用性广，设备系统简单、体积小、重量轻、价格低、可移动性强，颗粒成型能耗低、成本低等优点。

（三）相关标准及规范

相关标准及规范参考国家标准《生物质热解炭气油多联产工程技术规范 第 1 部分：工艺设计》（GB/T 40113.1—2021），以及地方行业标准《秸秆热解制备生物炭技术规程》（DB21/T 2951—2018）、《秸秆成型燃料清洁生产技术规程》（DB34/T 3655—2020）、《秸秆成型燃料清洁利用基本要求》（DB34/T 3656—2020）、《秸秆成型机 安全操作规程》（DB32/T 3570—2019）、《生物质成型燃料工程设计规范》（NY/T 2881—2015）、《生物质固体成型燃料技术条件》（NY/T 1878—2010）、《生物质固体成型燃料成型设备技术条件》(NY/T 1882—2010)、《生物质固体成型燃料成型设备试验方法》(NY/T 1883—2010)等。

三、案例分析

典型案例1：武汉光谷蓝焰新能源股份有限公司生物质秸秆压块燃烧供蒸汽试验示范项目

（一）基本情况

武汉光谷蓝焰新能源股份有限公司是全国生物质环保新能源行业领军企业，拥有生物质热解和传热技术自主知识产权，2018 年在武汉市经开区康师傅食品工业园建成运营秸秆生物质清洁供热示范项目。该项目引进了两台供热设备设计制造商丹麦 Justsen 公司生产的先进的生物质锅炉，其排放达到武汉天然气环保标准，采用环保在线监测及客户用能智能供应等新技术、新模式。除了主要销售产品热蒸汽外，锅炉产蒸汽后的余热可用于烧热水、供暖等其他用途。

该项目落户武汉经济开发区车城南路 50 号，占地 53 亩，最大的原料存储量可达 3000 t，是国家级生物质清洁供热示范项目，2018 年 6 月投产运营，为园区及周边企业提供生物质冷热联供，以销售蒸汽为主。整个项目的管理运行工作人员有 30 人，包括电气工程师、设备工程师及管理人员。目前，工程已建成全套系统，是公司设备研发、试验基地及人才培养、培训基地，已成为国家生物质综合利用示范的教育基地。生产车间外景如图 7-3 所示。

该项目由武汉光谷蓝焰新能源股份有限公司投资建设运营，成立项目建设运营专班。

图 7-3　武汉光谷蓝焰新能源股份有限公司生产车间外景

（二）工程概况

1.核心技术工艺

技术 1：生物质压缩技术，秸秆生物质在燃烧前经过压块预处理，不同种类的秸秆进行一定的配比，以提高固体燃料的热值。

技术 2：生物质燃烧技术，采用丹麦 Justsen 公司生产的高效率生物质锅炉，热效率高达 91%，能够有效地保证农作物秸秆的高效利用。农作物秸秆燃烧产蒸汽工艺流程如图 7–4 所示。

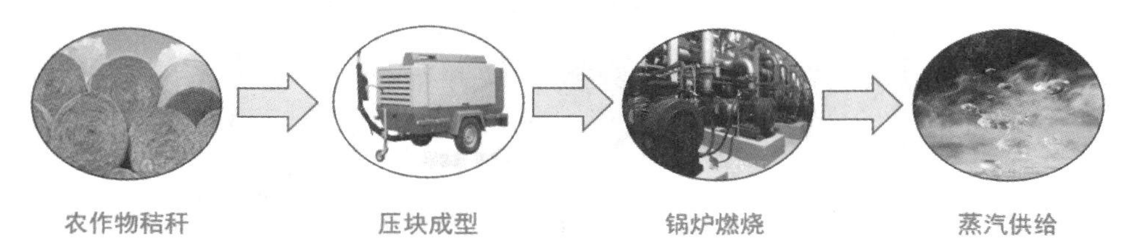

图 7–4　农作物秸秆燃烧产蒸汽工艺流程

2.建设内容及配套设备

该项目主要的建设内容有办公区域、秸秆存储厂区、秸秆燃烧车间以及相关的使用设备。

关键设备包括生物质锅炉、供气管网、辅机设备等。

3.项目投资及资金构成

该项目由企业投资，总投资 16000 万元，其中建筑投资 9000 万元，设备投资 7000 万元。

（三）运行模式

1.模式特点

（1）原料高效利用。原料适应性强、吃干榨尽，可以对各类农林废弃物秸秆合理利用，每吨林业废弃物可产生 3～3.2 t 蒸汽，约含 2800 kcal 的能量，并且锅炉燃烧产生的余热可用于烧水、供热等。

（2）设备稳定高效。装备系统稳定、连续、可靠，锅炉热效率高，实现生物蒸汽连续生产。

（3）产品价格低且稳定。与天然气 350 元 / 吨的价格相比，生物蒸汽价格仅需 249 元 / 吨，生物质供气成本相较而言更低，并且价格十分稳定。

（4）自动化程度高。该项目供应方式除去“点对多”外，公司还设有“点对点”项目供应地，供应地只需投入锅炉、管网、辅机等设备，以及 7 名管理人员即可运行管理。

2.原料收集

该项目主要收集的原料有林业废弃物、花生壳、谷壳、秸秆及压块颗粒等，如图 7–5 所示。原料来源主要有武汉周边地区及原料丰富的河南地区，总体收集半径小于 300 km。原料收购价格与原料燃烧热值挂钩，由公司检测部门抽样检测。该示范项目年处理农林废弃物 8 万吨。原料收集每年支出 4000 万元。

3.工程运行能耗

该项目工程年用水电 480 万元。锅炉设备保养维护等费用约 1130 万元 / 年，包括柴油费、维修费、配件更换、耗材费等。

4.产品销售

（1）生物蒸汽。该项目的产品主要为生物蒸汽，为园区及周边企业提供生物质冷热联供，项目年供热能力 45 万吨蒸汽，年销售蒸汽 30 万吨，蒸汽价格为 249 元 / 吨，与天然气 350 元 / 吨的成本相比，生物质供气成本更低，且价格相对较稳定。

图 7–5　收集的树皮、秸秆等原料

(2) 草木灰。该项目燃烧农作物秸秆之后每年可生产 2000 t 左右的草木灰，可用于农业施肥，售价约 500 元 / 吨，收益 100 万元。

（四）工程效益

1.经济效益

该案例示范项目总投资 16000 万元，年运行成本 6400 万元，生物蒸汽销售收益 7500 万元，草木灰销售收益 100 万元，年利润 1200 万元。

2.社会及生态效益

每回收利用 1 万吨生物质，节约标煤约 0.5 万吨。项目可助力解决农村秸秆露天焚烧污染问题，为燃煤锅炉替代提供减排新途径，解决天然气能源不足和成本高等难题。

该技术为农林废弃物秸秆禁烧提供解决办法，促进节能减排，可从源头减少颗粒物等污染物排放。以武汉市经济技术开发区的康师傅食品工业园项目为例，每年可有效利用秸秆 8 万吨，既有效提高本区域农林秸秆综合利用率，又从根本上杜绝露天焚烧秸秆现象，可有效地减少二氧化碳、二氧化硫排放。

秸秆直燃制蒸汽案例项目整体运行物质流及效益分析如图 7–6 所示。

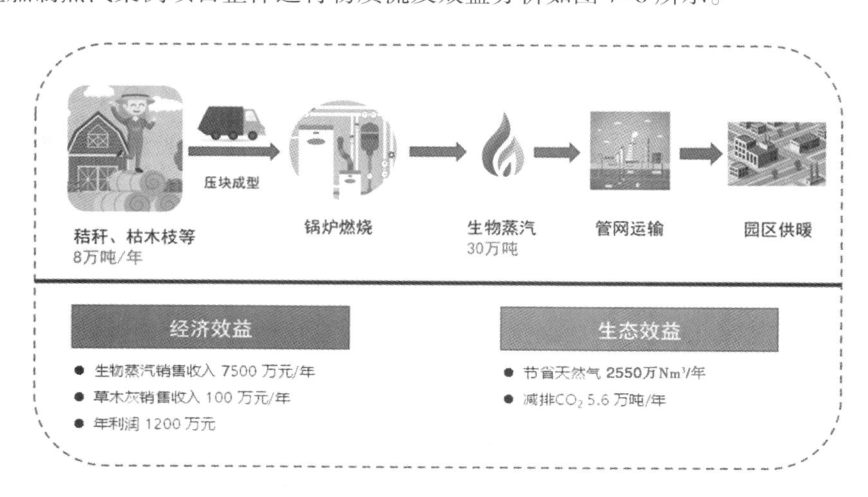

图 7–6　秸秆直燃制蒸汽案例项目整体运行物质流及效益分析

典型案例2：湖北康富达新能源有限公司年产5万吨再生生物质燃料项目

（一）基本情况

该项目由湖北康富达新能源有限公司投资建设。公司位于红安县经济开发区新型产业园7号，是一家专业从事生物质颗粒燃料研发、生产、销售的新型环保企业。

公司利用当地充足的农作物秸秆资源优势和新型产业园家具企业大量的边角废料，已与周边农户、合作社和家具企业建立了秸秆及林业加工废弃物收储的利益联结机制。原料主要有棉花秸秆、花生壳及花生秸秆、稻壳、黄豆秸秆、玉米秸秆、油菜秸秆，家具企业产生的木屑及家具生产剩余物等，年消纳农作物秸秆及农林废弃物约5万吨，产品通过国家专业机构检测，并通过了上级环保验收，各项指标均达国家环保要求。

（二）工程概况

1.项目技术路线

该项目固化成型技术是将秸秆、家具企业和农业废弃物在一定压力和温度下，压缩成规则、密度较大的成型燃料的技术。压缩成型后的秸秆、家具企业和农业废弃物燃料在运储效率和燃烧供热效率方面均有提高，体积缩小了80%，单位质量热值提高了40%～60%，是替代原煤等常规燃料的优质选择。生物质成型燃料在燃烧时，具有操作方便、热值高、无二氧化碳排放等优点。生物质压缩成型工艺流程如图7–7所示。

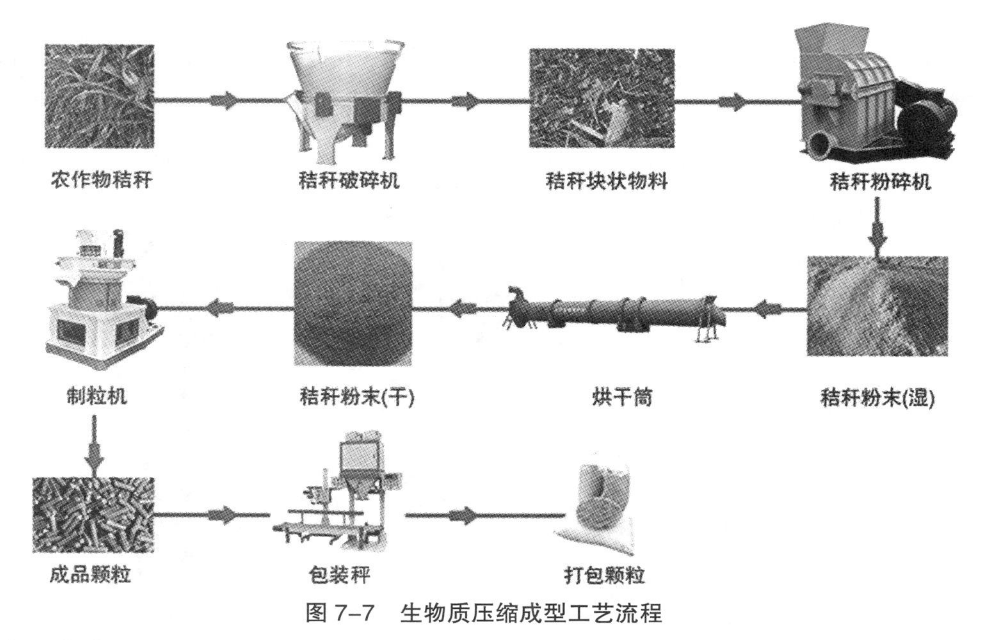

图7–7　生物质压缩成型工艺流程

2.建设成本

该项目的投资包括建筑工程、装饰工程、设备及安装、配套设施工程等。项目建设总投资5530万元，主要源于企业自筹。其中：土建工程3260万元，设备及安装1680万元，道路、绿化、给排水、消防、环保等配套设施工程590万元。

(1)土建工程。

项目占地 30 亩,总建筑面积 20200 m^2。在厂区布局上,规划为生物质燃料生产加工区、原料及半成品堆放区、成品堆放区、办公研发和生活区四个部分。厂房 A 区建筑面积 6000 m^2;厂房 B 区建筑面积 6000 m^2;原材料仓库建筑面积 3000 m^2;成品仓库建筑面积 2000 m^2;办公、研发及生活区(见图 7-8)建筑面积 3000 m^2;其他辅助用房建筑面积 200 m^2。主厂房建筑结构为钢结构。其他辅助用房为框架结构。

图 7-8　办公、研发及生活区

(2)设备及配套设施。

秸秆燃料颗粒公司生产车间如图 7-9 所示,包括生物质燃料生产线、输送机、输送带、地磅、叉车、打包机、标识机、化验及检测设备、模具等共 60 多台套。2022 年,公司新增了生物质燃料分析仪等品质检测设备、扩建了打包机、运输车辆等原料收贮体系,改造了生物质燃料生产线和除尘设备。

图 7-9　秸秆燃料颗粒公司生产车间

（三）运行模式

1.模式特点

(1)独特的专利生产技术。该项目采用与合作单位自主研发的专利技术——“生物质燃料生产系统”。该系统设备具有节能、环保、高产、低能耗的特点。通过该技术生产的生物质燃料与传统方法相比，其热值增加 20% 以上。

(2)生产中的环保优势。该项目采用全封闭的自动化生产线，做到了粉尘不外泄，达到了洁净生产环境的目标，从根本上改变了园区现有的同类生物质燃料生产企业的生产方式，保护了环境，保证了车间员工健康，不对车间钢结构造成额外腐蚀。

(3)高效率与低能耗优势。该项目采用自动化生产线生产，生产效率比普通生产方式提高 60%，能耗比普通生产方式降低 30%。

(4)安全生产优势。该项目的主要工序是由自动化生产线完成，减少了人工作业，保证了作业工人的安全，降低了作业安全风险。

(5)原料利用率高。生产工艺对原料适应性强，可以对各类农林废弃物秸秆合理利用，每吨农林废弃物秸秆可生产 0.8 t 生物质燃料。

生物质燃料产品生产及应用如图 7-10 所示。

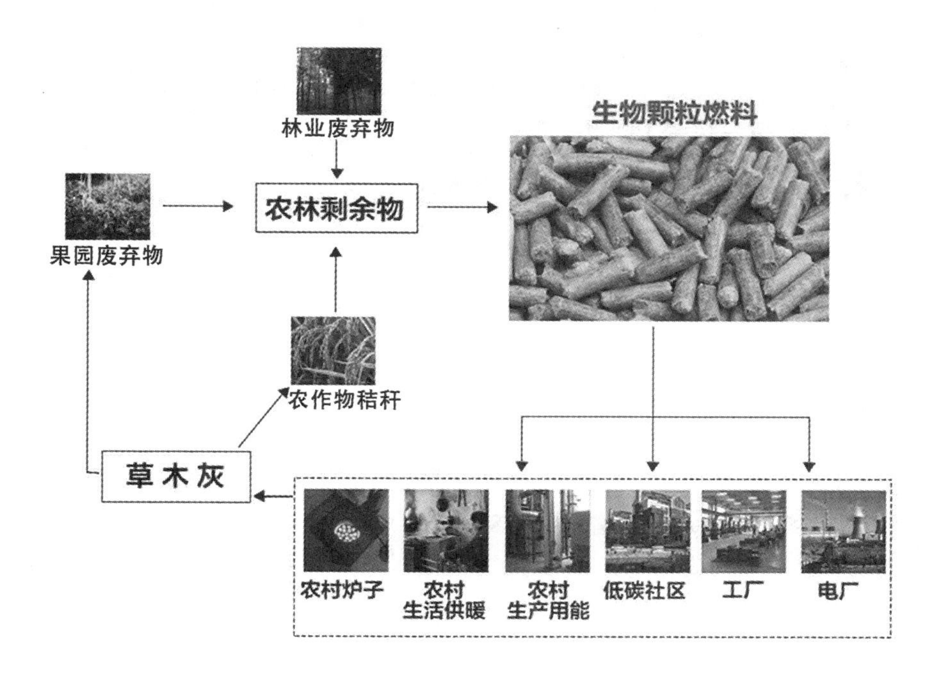

图 7-10　生物质燃料产品生产及应用

2.运行成本

(1)人员工资。

公司管理及运行工作人员 22 人，月平均工资 6000 元，包括电气及设备人员、生产人员以及管理人员等，22 人工资总计 158 万元 / 年。

(2) 原材料。

项目收集的主要原料有林业废弃物、棉花秸秆、花生壳及花生秸秆、稻壳、黄豆秸秆、玉米秸秆、油菜秸秆，以及家具企业产生的木屑和家具生产剩余物等，如图 7-11 所示。原料来源主要有武汉周边地区及原料丰富的河南地区，总体收集半径小于 150 km。原料收购价格与原料燃烧热值相关，由公司检测部门抽样检测。该示范项目年处理农林废弃物约 5 万吨。原材料费用按红安当地秸秆等原料收集价 280 元 / 吨计算，共计 1400 万元。

图 7-11　秸秆燃料颗粒项目的原料收集

(3) 水电消耗。

该项目工程年用水量 12000 t，用水费用 2.94 万元。用电 89 万度，用电费用 86.33 万元，总计约 89 万元。

(4) 运输成本。

运入量：该项目年运入量约 5 万吨，其中 80% 的运输量由原材料供应客户承担，20% 的运输量由公司承担，共计年运输量 1 万吨，运输费用约 80 万元。

运出量：按年消纳 5 万吨农作物秸秆量计算，所生产的生物质燃料约 4 万吨，全年运出费用约 600 万元。

(5) 运营总费用。

该项目年运营总费用 2327 万元，项目运维成本及收益明细如表 7-1 所示。

（四）工程效益

1. 经济效益

2022 年公司收购农作物秸秆 18600 t，木屑及家具生产剩余物 28900 t，总收购量为 47500 t，已生产生物质颗粒燃料 38000 t。销售价为 950 元 / 吨，产值 3610 万元。

表 7-1　项目运维成本及收益明细

项目运维	成本	项目收益	收入
人员工资	158 万元 / 年	生物质颗粒燃料	3610 万元 / 年
原材料收集	1400 万元 / 年		
水电消耗	89 万元 / 年		
运输费用	680 万元 / 年		
运营总费用	2327 万元 / 年		

该案例示范项目建设总投资 5530 万元，年运行成本 2327 万元，生物质颗粒燃料销售收益 3610 万元 / 年，年利润约 1283 万元，投资回报率 23.2%，投资回收期 4.3 年。

2.社会及生态效益

2022 年，公司消纳农作物秸秆及木屑 47500 t，按农民燃烧 50% 计算，全年可减少二氧化碳排放量 4.27 万吨，并降低其他有害气体和粉尘产生。同时，公司共生产生物质颗粒燃料 38000 t，可代替煤 3.03 万吨，代替天然气 3002 万立方米。该项目的建设对节约资源、创建节约型社会效果显著。

通过该项目的建设和实施，公司全年可收购农作物秸秆 18600 t，按收购价 280 元 / 吨计算，农民全年可增收 520.8 万元。这在增加农民收入的同时，还增强了农民的种植积极性，促进当地农业可持续发展。同时，该项目可消纳林果业废弃物和家具生产剩余物 28900 t，使这些废料得到有效使用，解决了林果业发展的后顾之忧，为本地林果业企业带来每年近 809.2 万元的生物质废料销售收入，为新型产业园内家具和食品生产企业做大做强起到推动作用。

四、推广条件

（一）适宜区域

该模式适合应用于生物质资源丰富、有清洁用能需求或能源替代及多能源互补要求的城乡区域，且具备规模化种植的条件；为低碳经济、低碳农业提供一条可行的技术路线和生物质循环利用新途径，促进农民和相关企业增收，具有很好的示范作用。

（二）配套要求

要求设备选型与项目建设规模、产品方案和工艺技术方案相适应，满足项目的要求。项目建成投产后，应聘请有相关经验的管理人员及专业技术人员。项目投产之前，必须对操作人员和技术管理人员进行培训。经培训考试合格后，持证上岗。项目应建设厂房室内消防系统、消防水池、消防沙池、室外消防栓、便携式灭火器等消防安全设施。

模式八
秸秆饲料生态循环发展模式

一、模式背景

随着人民生活水平的提升，人们对肉类的需求迅速增长，饲草的需求也逐年增加。由于我国主粮保护的政策，饲草的种植面积无法匹配饲草的需求量。此外，畜禽养殖环节中饲料成本高昂，以肉牛养殖为例，据测算，饲料成本约占饲养总成本的48%。因此，将秸秆转变为饲料用于畜禽养殖成为秸秆利用的重要方向。《农业农村部办公厅关于做好2022年农作物秸秆综合利用工作的通知》指出，2022年全国秸秆综合利用率要保持在86%以上，同时推进秸秆变饲料养畜，减少粮食消耗。

秸秆中含有丰富的纤维素、半纤维素与木质素等，由于这些天然有机高分子化合物结构牢固，只能吸水润胀，消化率很低，难以被用于制作饲料，但通过秸秆微生物发酵技术（如青贮、黄贮），可以很好地保存秸秆内原有的水分，抑制营养成分产生氧化反应，有效改善秸秆适口性，其中富含的蛋白质也更容易被消化和吸收，可以替代部分饲草，起到减少饲料成本、提高畜禽品质以及增加秸秆价值的多重效益。秸秆转化饲料已在国内外普遍采用，尤其是在全球现代奶牛养殖场以及欧洲和北美的肉牛养殖场中，然而秸秆饲料在中国的一些地区产量仍然不足或效益不高，无法满足畜禽养殖生产的需求。

二、技术要点

（一）概述

秸秆饲料化利用模式（见图8-1）以秸秆为中心，对作物收获的秸秆进行饲料化转化，利用包括青贮、黄贮、颗粒化、膨化、微储等技术，制作畜禽养殖的代替饲料，从而带动种植业与养殖业绿色发展。

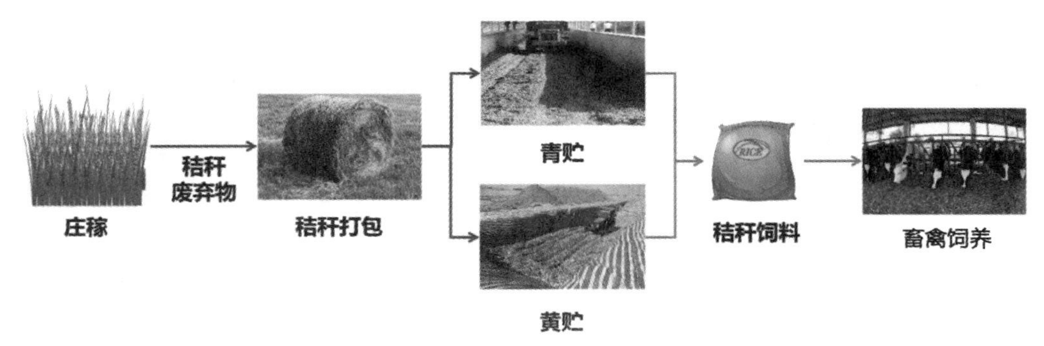

图8-1 秸秆转化饲料模式

（二）关键技术环节

秸秆饲料转化技术有青贮、黄贮等。其操作流程如图 8-2 所示。

图 8-2　秸秆青贮、黄贮操作流程

技术环节1：青（黄）贮窖设计

根据地势、地类和环境选择地下、半地下或地面等形式的青贮窖。根据场地的大小、位置和土质层的情况，可选择正方形、长方形、圆形等窖型，一般以长方形为好。

青(黄)贮窖四周墙壁采用 24 砖墙堆砌。窖底厚度 150 mm，夯实，用混凝土砂浆浇平。渗水孔为砖混结构，孔径 220 mm，孔深 500 mm。取料通道用 100 mm 厚的混凝土浇平抹面。渗水口网用直径不小于 10 mm 的钢筋焊制。底部和四周棱角全部为圆曲面。青(黄)贮窖应具备不漏水、不透气、不导热、四壁和窖底光滑、无死角、可密封、坚固结实、清洁卫生等条件。

技术环节2：青贮操作流程

青贮原料入窖前应进行铡切。选择新鲜干净的原料，剔除霉烂、污染的原料，铡切的长度因原料的种类而异，一般粗硬的玉米、高粱等秸秆切成 2～3 cm，细秸秆和薯藤等切成 3～5 cm，牧草可切成 5～7 cm。铡短的青贮原料入窖应及时，边揉碎、边切短、边装窖。装填前要在青贮窖四壁铺上塑料薄膜，装填时应逐层装入，每层 20～25 cm 厚，压实后继续装填，特别是四角和靠壁部位要注意压实。

青贮中还可以根据原料特性和青贮需求添加尿素及非蛋白氮、石粉及矿物质无机盐和菌类接种剂等添加剂，改善青贮过程和青贮产品。

青贮原料的最上面要铺盖塑料薄膜，薄膜的厚度一般在 0.7 mm 以上。当原料装到距窖面 50 cm 左右时，在窖壁的一侧先铺好塑料薄膜并拉平，然后继续装料，直到原料高出窖面相应的高度。把塑料薄膜从窖壁的一端顺拉到另一端，压好。

盖土时要从窖的最里面开始盖，逐渐向窖口方向延伸，覆盖土层的厚度要达到 50 cm 以上，边覆盖边拍实，顶部成半圆形。要求压土后的表面平整，有一定的坡度，无明显的凸凹。中大型窖封顶盖土的同时，要在窖的顶部留出排气孔，以利排出窖内的空气，尽快形成厌氧条件。封顶后 5～7 d，空气基本排尽，要将排气孔封死。用宽度大于排气孔径 2 倍的塑料薄膜将排气孔盖好、覆土、压实、拍平。做到不漏气、不漏水。

技术环节3：黄贮操作流程

黄贮应选择晴朗天气进行，温度以 20～30 ℃为宜。黄贮前按饲喂家畜的种类和秸秆的质地处理秸秆，质地粗硬的秸秆需要进行揉碎处理。切碎的原料要及时入窖，原料装填应迅速翻匀，避免日光暴晒，与补充水分、添加微生物发酵剂和压实作业交替进行。除底层外，要逐层均匀补充水分，使秸秆水分含量为 60%～70%。此外，根据黄贮秸秆的种类和贮量，选择正规厂家生产的、具有饲料添加剂生产企业批准文号的微生物发酵菌剂，其有效活菌数应在 5000 万个 / 克以上，质量应符合 NY/T 1444 的规定。应分层采用雾状喷洒菌液水，保证菌液均匀添加，使用量按照微生物发酵剂说明书执行。

当秸秆分层压实到高出窖口 30～50 cm 时再充分压实，同时补喷一层菌液水，反复压实后在表面均匀地撒上 0.3%～0.5% 的食盐粉。盖上聚乙烯塑料薄膜，塑料薄膜外面放置重物镇压，再覆上遮盖物使窖顶成馒头形，窖边挖好排水沟，以防雨水渗漏。发酵期间，应监测窖的中心温度，当温度超过 40 ℃时，应放弃饲用，可改为肥料化利用。密封发酵时间宜不少于 35 d，冬季可适当延长。

（三）相关标准及规范

相关标准及规范参考《青贮玉米品质分级》(GB/T 25882—2010)、《全株玉米青贮霉菌毒素控制技术规范》(NY/T 3462—2019)、《饲草青贮技术规程 玉米》(NY/T 2696—2015)、《饲草青贮技术规程 紫花苜蓿》(NY/T 2697—2015)、《青贮设施建设技术规范 青贮窖》(NY/T 2698—2015)、《青贮饲料技术规程》(DB63/T 240—2022)、《稻麦秸秆黄贮技术规范》(DB34/T 3936—2021)、《玉米秸秆黄贮技术规程》(DB34/T 3872—2021)等。

三、案例分析

典型案例：湖北鹏乐农业有限公司秸秆肉牛养殖低碳种养循环模式

（一）基本情况

湖北鹏乐农业有限公司是潜江市农业产业化重点龙头企业，农业农村部“肉牛标准化示范场”。公司成立于 2014 年，位于潜江市杨市办事处新庙村。为确保养殖肉牛质量，降低养殖成本，公司实行自产饲料，提出秸秆肉牛养殖低碳种养循环模式（见图 8-3）。变一年两季饲料作物为三季饲料作物，首创“麦—玉—玉”“油—玉—玉”种植新模式，所产生的农作物秸秆通过“青贮”或“黄贮”技术转变为肉牛饲料（秸秆饲料化）。肉牛养殖产生的粪便按一定比例和秸秆混合搅拌发酵制成有机肥，用作农作物养料。案例模式基本情况如表 8-1 所示。

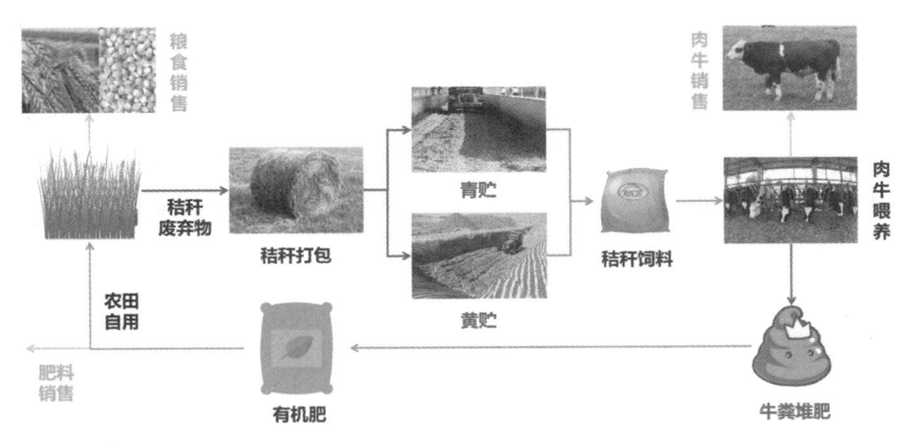

图 8-3 秸秆肉牛养殖低碳种养循环模式

表 8-1 案例模式基本情况

项目名称	基本情况
公司名称	湖北鹏乐农业有限公司
案例特色	三季饲料作物，秸秆青（黄）贮，种养循环
工程地点	湖北潜江
工程运行时间	2014 年
工程规模	1566 亩
秸秆处理能力	3000 t
建设投资	3500 万元

公司配套总种植面积 1500 亩，采用三种种植模式（见表 8-2）。

表 8-2 种植模式基本情况

模式类型	种植作物	种植面积	播种时间	收割时间	青贮 / 黄贮
模式 1	油菜	100 亩	10 月	4 月	青贮
	玉米		5 月 1 日	7 月 20 日	青贮
	玉米		8 月 1 日	10 月	青贮
模式 2	大麦	400 亩	10 月底	4 月中旬	青贮
	甜高粱		5 月 1 日	7 月 20 日	青贮
	甜高粱		继上茬再生	10 月初	青贮
模式 3	甜玉米	1000 亩	3 月初	6 月 10 日	黄贮

种植模式 1：面积为 100 亩，采用油菜→玉米→玉米连作模式。油菜上一年 10 月份播种，第二年 4 月初收割鲜喂，第一茬玉米 5 月 1 日左右播种，7 月 20 日左右收割青贮。第二茬 8 月 1 日播种，10 月中旬收割青贮。

种植模式 2：面积 400 亩，采用大麦→甜高粱→甜高粱连作模式。大麦第一年 10 月底播种，第二年4月中旬收割青贮,第一茬甜高粱5月1日播种,7月20日左右收割青贮。第二茬甜高粱再生,补肥、除草即可,10月初收割青贮。

种植模式3:面积1000亩,采用合作模式种植甜玉米,3月初播种,6月10日左右收获甜玉米市场批发,秸秆回收用于黄贮。

建有青贮池、黄贮池5000 m^3。公司配套牛场养牛600头,产生1095 t牛粪,生产有机肥328.5 t。

(二)工程概况

1.工艺技术

该工程采用青(黄)贮技术与牛粪堆肥的处理工艺分别对两大农业废弃物秸秆与牛粪进行饲料化增值化处理利用。

(1)裹包青贮,是一种利用机械设备完成秸秆青贮的方法。收割青贮秸秆如图8–4所示。将粉碎好的青贮原料用打捆机进行高密度压实打捆,然后通过裹包机用拉伸膜包裹起来,从而创造一个厌氧的发酵环境,最终完成乳酸发酵过程。裹包青贮与常规青贮一样,有干物质损失较小、可长期保存、质地柔软、具有酸甜清香味、适口性好、消化率高、营养成分损失少等特点。

图8–4 收割青贮秸秆

(2)青贮池青贮,原料含水量在65%左右,含糖不得低于2.0%,切割的长度为1~3 cm,切短后的青贮原料及时装入青贮池,可采取边粉碎边装池边压实的办法。青贮池发酵如图8–5所示。装池时,每装20~40 cm时压踏一次,同时尽可能缩短青贮过程中微生物有氧活动的时间。如果当天或者一次不能装满全池,可在已装池的原料上立即盖上一层塑料薄膜,次日继续装池。青贮原料装满后,还需再继续装至原料高出池的边沿50~80 cm,然后用整块塑料薄膜封盖,再盖1~2层草包片、草席等物,最后用泥土压实,泥土厚度为30~40 cm,同时把表面拍打光滑,池顶隆起成馒头形状。随时观察青贮池,发现裂缝或下沉,要及时覆土,以保证青贮成功。

图 8-5　青贮池发酵

2.建设内容及配套设备

主体工程包括 1500 亩种植面积，4 座 1250 m^3 青（黄）贮池，600 头肉牛养殖场。项目总投资 3500 万元，其中建筑投资 400 万元，项目建设成本明细如表 8-3 所示。

表 8-3　项目建设成本明细

项目	青贮池	黄贮池	养殖场	机械设备
规模	1250 m^3	1250 m^3	4800 m^2	青饲料收获机、撒肥车、捡拾压捆机等
数量	2 座	2 座	—	28 台
合计	3 万元	3 万元	394 万元	137.39 万元

（三）运行模式

优选品种：小麦选用郑麦 9023 或鄂麦 596，玉米雅玉青贮 8 号、华玉 18 等。油菜和玉米种植分别如图 8-6 和图 8-7 所示。

茬口搭配：茬口搭配种植时间如表 8-4 所示，小麦 10 月末播种，小麦播种量 12.5 千克 / 亩，次年 4 月下旬收割；第一季玉米 5 月初播种，播种量 2 千克 / 亩，7 月下旬收割；第二季玉米 8 月初播种，10 月下旬收割；玉米种植密度为 6219 株 / 亩，平均行距为 65 cm，株距为 16.5 cm。

图 8-6　油菜种植

图 8-7　玉米种植

适时收割：在不影响作物产量和品质的前提下收割，保证作物的营养成分和适宜的水分(65%～75%)。小麦在 4 月 20 日灌浆期收获(见图 8–8)。第一季青贮玉米和第二季青贮玉米分别在 7 月 20 日乳熟期和 10 月 20 日乳熟期收获(见图 8–9)，用青饲料收获机收割以节约农时，确保茬口衔接。

表 8–4　茬口搭配种植时间

播种作物	播种时间	收割时间	播种量	青贮 / 黄贮
小麦	10 月末	次年 4 月下旬	12.5 千克 / 亩	青贮
玉米（第一季）	5 月初	7 月下旬	2 千克 / 亩	青贮
玉米（第二季）	8 月初	10 月下旬	2 千克 / 亩	青贮

图 8–8　小麦收获

图 8–9　玉米收获

裹包青贮：秸秆通过液压打包机使用优质的青贮饲料包装袋裹包储存，袋内密封，装填紧实，形成良好的发酵环境，玉米秸秆打包如图 8–10 所示。在厌氧条件下，经一周完成发酵，储存 20～30 d 即可饲喂，保存期达 3～4 年，达到秸秆青贮的目的。玉米秸秆青贮如图 8–11 所示。

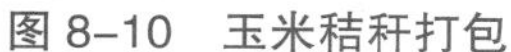

图 8–10　玉米秸秆打包

图 8–11　玉米秸秆青贮

黄贮存储：每到 5 月和 9 月农作物收获季节，开展以秸秆饲料化利用为主的秸秆黄贮技术。将收获后的农作物秸秆在田间捡拾打捆运至公司贮存(见图 8–12)，并进行加工作为肉牛饲料使用(见图 8–13)，全年收储量 6000 余吨。

图 8-12 小麦秸秆贮存

图 8-13 青贮饲料喂养

粪肥发酵：采取厂床一体化干清粪处理工艺，按照零排放标准，全舍粪尿不出栏，堆积在牛栏直接发酵（见图 8-14），2～3 个月后铲车将牛粪送至撒肥车内直接还田（见图 8-15）和运往有机肥生产车间打包，在保障园区内自有农作物和饲料作物用肥需求之外，销售给本地的半夏、瓜果、蔬菜等种植基地。

图 8-14 牛粪发酵

图 8-15 牛粪还田

（四）工程效益

该案例示范项目年利用秸秆 6000 t，其中约 3500 t 用于青贮，另外 2500 t 用于黄贮。两者转化饲料分别为 1500 t 与 625 t，该项目可解决 22 人就业。

四、推广条件

（一）适宜区域

该模式适宜于该地区或邻近存在一定规模的畜禽养殖，存在相应可以消纳的配套种植土地的区域，周边有大量种植油菜、玉米、大麦、甜高粱等农作物基地，便于秸秆的收集与运输，从而形成了基于秸秆饲料化应用的低碳种养循环模式。

（二）配套要求

该模式青贮（黄贮）需要配备一定的机械设备，如捡拾压捆机、青贮打包机、草料粉碎机等。同时，应根据饲草全年供应要求，在现有农田科学和合理安排“粮食作物—饲草”的轮作种植制度，合理配套种养结合会的种植面积和养殖规模。

模式九
秸秆基料化利用模式

一、模式背景

秸秆基料化是秸秆综合利用的重要途径。秸秆基料是指以秸秆为主要原料加工或制备的，既能为动植物和微生物的生长提供良好条件，也能提供一定营养的有机固体物料。农业农村部《“十四五”全国农业绿色发展规划》明确提出促进秸秆基料化，发展食用菌生产技术，提升秸秆附加值。农作物秸秆富含纤维素、木质素等有机物，是栽培食用菌的良好原料。以秸秆为基质栽培食用菌，大大扩大了食用菌生产的原料来源。该技术的应用和推广可以大量利用秸秆使农业资源实现多层次的增值。

2020 年，全国秸秆基料化利用量 499 万吨。大部分以水稻、玉米和小麦秸秆为主，分别占基料化利用总量的 39.7%、24.8% 和 20.9%。秸秆基料化利用主要有生产食用菌基质，植物育苗与栽培容器（基质）和动物饲养垫料三个途径。棉秸、玉米秸、玉米芯、麦秸、稻草等各种类的农作物秸秆都可以用于基质生产。

二、技术要点

（一）概述

秸秆栽培基质制备技术，是以秸秆为主要原料，添加其他有机废弃物以调节 C/N 比、物理性状（如孔隙度、渗透性等），同时调节水分使混合后物料含水量在 55%～65%，在通风干燥防雨环境中进行有氧高温堆肥，使其腐殖化与稳定化。其原理是利用自然界（必要时接种外源秸秆腐解菌）大量的细菌、放线菌、真菌等微生物对秸秆进行生物降解，微生物把一部分被吸收的有机物氧化成简单的可供植株吸收利用的无机物，把另一部分有机物转化成新的细胞物质以促使微生物自身生长繁殖，进而进一步分解有机物料。最终秸秆等原材料成为简单的无机物、小分子有机物和腐殖质等稳定的物质。

秸秆基料中食用菌栽培基质与植物栽培基质的技术原料、主要功能与生产流程基本相同，但也存在着细微的差别：①食用菌栽培基质是栽培微生物，而植物栽培基质是栽培植物，因植物与微生物生长、繁殖需要的环境、营养等条件不同，因此，其基质产品质量标准与要求不同；②相对于植物栽培基质，除需要氮、磷、钾以及其他矿质养分外，食用菌基质还需要为微生物（食用菌）生长提供碳源以及部分维生素等活性物质，这就决定了虽然植物与食用菌栽培基质制备中均可以秸秆为主要原料，但所选用的其他辅料以及制备程度有较大差别，其生产工艺也有细微的差别。

（二）关键技术环节

技术环节1：秸秆堆腐

秸秆因其物理、化学性质或生物学稳定性达不到栽培基质的基本要求，不能直接作为基质使用，必须经有氧高温堆肥。为使秸秆堆肥操作方便、缩短堆肥时间与保证物料腐熟度均匀，生产上需要将秸秆进行粉碎处理，一般玉米秸秆粉碎在 4～5 cm，稻麦秸秆粉碎后长度应小于 10 cm。为加速发酵进程，用于基质原料的秸秆往往与鸡粪、猪粪等畜禽粪便混配后发酵，其混合的比例取决于制备基质的用途及基质标准。鸡粪盐分含量高，过多的鸡粪会使制备的基质盐分含量过高；奶牛粪便含氮量低，需要补充氮素化学肥料，如尿素，以调节物料 C/N 比为 30 左右，添加水分以调节含水量为 55%～65%。生产上，也可以用秸秆吸附养殖污水或沼液沼渣，然后进行有氧堆肥，在秸秆利用的同时，又可以利用养殖污水，减少污水排放产生的二次污染。在冬季或冷寒地带进行秸秆堆肥，还需要接种外源有机物料腐熟剂并注意防风与保温。

技术环节2：复配

单一秸秆、粪便等有机物料堆肥发酵后，由于存在容重、通气孔隙过小等物理性状缺陷，还不能直接作为基质应用，还需要通过与其他基质材料再次混配来改善基质的物理性状；另外，有机基质的生物稳定性差，物理性状不稳定，也需通过与无机基质混合改善其稳定性。通常添加的物料有蛭石、珍珠岩、矿渣、泥炭、土壤等。秸秆基质与土壤、炉渣等重型基质材料复配可显著改善其物理性状，适宜的复配比例为 3：1～4：1。

技术环节3：调配

由于人工制备秸秆基质材料本身的缺陷，即使复配后，仍可能存在保水、保肥性差的问题，如果畜禽粪便混合比例高，其基质中常常会出现盐分过高问题，会影响秸秆原料基质的应用效果和应用领域，需要通过添加调理剂来进一步改善其理化性质。通常添加高吸水树脂、生物炭等材料，可提高基质保水保肥性能，另外，腐殖酸、硅藻土、保水剂和草炭等也被用作添加剂来降低基质盐分。

（三）相关标准及规范

相关标准及规范参考《无公害食品 食用菌栽培基质安全技术要求》（NY 5099—2022）、《无公害农产品 种植业产地环境条件》（NY/T 5010—2016）、《土壤环境质量 农用地土壤污染风险管控标准》（GB 15618—2018）、《生活饮用水卫生标准》（GB 5749—2022）、《绿化用有机基质》（GB/T 33891—2017）、《蔬菜育苗基质》（NY/T 2118—2012）、《食用菌生产技术规范》（NY/T 2375—2013）、《稻作区大球盖菇露地栽培技术规程》（DB4206/T 45—2021）、《食用菌菌种生产技术规程》（NY/T 528—2010）、《食用菌菌种通用技术要求》（NY/T 1742—2009）等。

三、案例分析

典型案例1：湖北沃凯克生物科技有限公司农业废弃物资源化利用工程

（一）基本情况

湖北沃凯克生物科技有限公司成立于2019年6月，位于钟祥市官庄湖农场林湖社区，是全国首家利用畜禽粪污与农作物秸秆制作成型育秧基质片的企业，是当前全国最大的水稻育秧基质片生产基地。2022年度共收集处理畜禽粪污3万吨，综合利用秸秆、稻壳、玉米芯、蘑菇菌糠等农作物废弃物1.5万吨，生产育秧基质片300万片，有机肥1.6万吨，无偿赠送基质片24万片和专用营养盖土4500吨，组织培训农户使用新型育秧基质片80余场次，受训3000余人次。公司计划年收集利用畜禽粪污5万吨，综合转化秸秆等农业废弃物2万吨，生产基质片800万片，生产有机肥（散装基质）3万吨、专用营养盖土8000吨，可满足35万亩水稻机插育秧，有机肥推广施用面积30万亩，可避免500亩耕层土遭受破坏，使用基质片育秧可为农户节约成本投入1400万元。

（二）工程概况

1.工艺技术路线

（1）畜禽粪污秸秆生物发酵。

公司引进一体化智能好氧发酵舱设备（见图9-1），运用生物发酵技术集成化、模块化对畜禽粪污、农作物秸秆等农业废弃物进行舱式好氧发酵。整个工艺流程可以简单分为配方预混、封闭发酵、动态陈化三个过程。全过程智能化控制，集输送、混料、发酵、供氧、匀翻、监测、控制、废气冷凝净化等功能于一体，发酵过程在全密闭的环境内进行，全程运行自动化，废气经冷凝净化处理达标排放。

智能好氧发酵舱

智能监测控制系统

废气净化系统

发酵仓

陈化翻抛

图9-1　一体化智能好氧发酵舱设备

技术 1:配方预混。畜禽粪便通过专用车辆运到发酵舱,按原料水分、碳氮比配置农作物秸秆,然后按照千分之二比例加入畜禽粪便专用腐熟菌剂后送入混合搅拌装置混合均匀。

技术 2:封闭发酵。将预混好后的物料通过一体化智能好氧发酵装置 CTB 机器人进行布料,堆成 1.5～1.8 m 发酵堆,由智能自动监测控制系统控制风机每 2 h 从发酵池底部往上强制通风曝气供氧,间隔 2 d 左右进行物料翻抛,发酵温度控制在 50～65 ℃,发酵周期为 12 d,发酵好的半成品出仓后进入下一工序。

技术 3:动态陈化。将半成品原料运送到陈化车间进行二次腐化处理,陈化周期为 30 d 以上,每 7～15 d 翻抛一次。发酵腐熟后的物料经科学加工处理,制成品质优良、肥效稳定的绿色、环保高效的有机肥料及育苗基质料。

(2)粉状有机肥(育苗基质)生产。

将发酵陈化腐熟合格的有机原料用铲车送入调速料仓内,经立式粉碎机粉碎至 10～50 目,通过回转振打筛分机分选杂质,经包装机称重、包装、入库。

粉状有机肥生产线主要设备包括调速给料仓、上料皮带输送机、立式粉碎机、滚筒筛分机、定量包装机及配电柜六部分;自动化生产流程布局紧凑,操作稳定,节能降耗,三无排放,原料适应性广,适合各种配比的生物有机肥和育苗基质生产。

(3)成型水稻育苗基质片生产。

公司是国内首家运用畜禽粪污 + 农作物秸秆的方式制作成型育秧基质片的企业,其生产工艺主要有配方制浆、磨浆除砂、养分调制、压模成型、高温烘干等,生产线配置有压膜成型系统、配料匀浆系统、用水循环系统、清洁供热系统,全自动化生产,成型效率快、产量高,节能环保,适合大批量规模化生产。水稻育苗基质成型系统及关键工艺技术分别如图 9-2 和图 9-3 所示。

匀浆系统

成型系统

烘干托盘

烘干系统

燃烧系统

天然气装置

图 9-2　水稻育苗基质成型系统

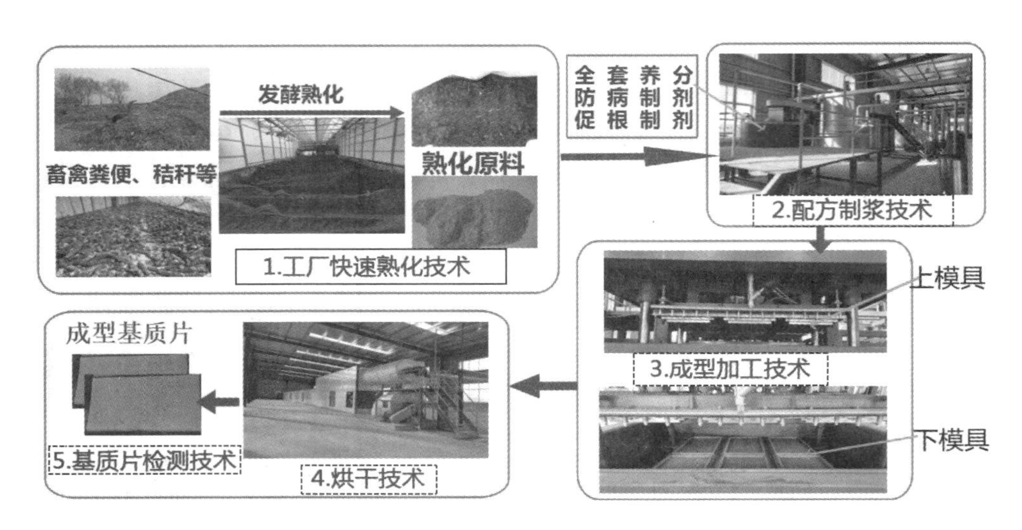

图 9–3　水稻育苗基质关键工艺技术

2.建设内容及配套设备

项目建设分三期进行。第一期建成好氧发酵、辅料粉碎、动态陈化、成品生产等四个车间，于 2021 年 3 月正式投产，主要产品有成型育秧基质片和有机肥。第二期建成育秧专用营养土和散装基质生产车间，每年可生产育秧专用营养土 1.5 万吨，散装基质 2.5 万吨。第三期建成一个占地 12 亩，封闭好氧发酵、动态陈化、育苗基质料和生物有机肥全自动生产综合车间 10000 m^2，投产运行后可收集消纳钟祥市绝大部分区域的畜禽粪污。每年可收集处理畜禽粪污 10 万吨，秸秆等农业废弃物 8 万吨，可生产育秧基质片 1500 万～2000 万片，有机肥 10 万吨。

3.项目投资及资金构成

项目计划自筹投资 1.4 亿元，第一期投资 5000 万元，第二期投资 3000 万元，第三期计划投资约 6000 万元。

（三）运行模式

该模式以畜禽粪污、农作物秸秆等农业废弃物为原料，运用生物发酵技术，经科学加工处理（生物发酵、高温杀菌、除臭、干燥）后，利用水稻育苗基质成型系统设备将发酵后产物制成品质优良、肥效稳定的育秧基质片。

1.原料收集

三年内实现畜禽粪污收集辐射 300 km，联动大型养殖场 50 家，秸秆代理收购点 20 家，基质片育秧实现钟祥区域全覆盖，带动育秧主体 2 万个。收集处理畜禽粪污 3 万吨，秸秆、稻壳、玉米芯、蘑菇菌糠等农作物废弃物 1.5 万吨。

2.产品规模

2022 年生产育秧基质片 300 万片，有机肥 1.6 万吨，无偿赠送基质片 24 万片和专用营养盖土 4500 吨，组织培训农户使用新型育秧基质片 80 余场次，受训 3000 余人次。公司计划年生产基质片 800 万片，生产有机肥（散装基质）3 万吨，专用营养盖土 8000 吨。

（四）工程效益

1.经济效益

2022 年生产育秧基质片 300 万片，有机肥 1.6 万吨，无偿赠送基质片 24 万片和专用营养盖土 4500 t，主营业务收入 7933.63 万元。2022 年收集畜禽粪污 3 万吨，秸秆、稻壳、玉米芯、蘑菇菌糠等农作物废弃物 1.5 万吨，组织培训农户使用新型育秧基质片 80 余场次，受训 3000 余人次。公司现有员工 45 人，每年需支付薪酬 258 万元，支付五险一金 100 万元，总成本 6791.71 万元。税金 22.35 万元，利润 1119.57 万元，净利润 641.05 万元，净利润率 8%。水稻育苗基质项目财务分析如表 9–1 所示。

表 9–1　水稻育苗基质项目财务分析

项目	2020 年	2021 年	2022 年
主营业务收入	3789.78 万元	5268.75 万元	7933.63 万元
主营业务成本	3154.45 万元	4510.59 万元	6791.71 万元
主营业务税金	11.58 万元	14.73 万元	22.35 万元
主营业务利润	623.75 万元	743.42 万元	1119.57 万元
净利润	327.37 万元	516.42 万元	641.05 万元
净利润率	9%	10%	8%

2.社会及生态效益

该项目利用畜禽粪污及农作物秸秆生产育秧基质片，公司每年可处理畜禽粪便 10 万吨，秸秆等农业废弃物 8 万余吨，全面投产每年至少可处理 20 万吨农业废弃物，从根本上实现了农业废弃物资源化规模化再利用，极大助推美丽乡村建设，助力乡村振兴战略。同时，采用基质片育秧，可以减施化肥、农药，100 万亩水稻可以减少约 2000 吨农药、化肥的施用量，降低二氧化碳排放量，实现减排固碳的效果，为生产有机绿色水稻、提高稻米品质提供保障。可提供稳定就业岗位 60 个，灵活就业岗位 100 个。

典型案例2：湖北省黄冈市红安县瑞沣种植养殖专业合作社秸秆与食用菌生产循环利用

（一）基本情况

合作社位于湖北省黄冈市红安县杏花乡龙潭寺村，成立于 2015 年，是一家从事红安苕、食用菌、中药材、果蔬花卉种植加工及鱼虾养殖、生态观光旅游的综合性生态农业开发企业。先后流转土地 1200 多亩，注册有“瑞沣农福”商标，农产品已进入全国各地市场。食用菌作为黄冈市和红安县扶贫产业项目，投入 500 多万元新建一条全自动生产线和养菌大棚 20 座，年产菌种 20 万棒，菌棒 120 万棒。带动全县 9 个乡镇农业主体发展食用菌产业，实行三统一分模式，即统一技术指导、统一提供菌棒、统一保底回收，种植户分棚种植，实行产销一体化。

合作社采用秸秆基料化利用技术，与当地各大农业种养殖合作社及农户签订秸秆采购合同，种植大户收集秸秆之后统一运输到合作社，加工成食用菌基料，培养后的菌渣可作为有机肥还田，形成“秸秆—食用菌—菌渣—有机肥—作物”的循环模式，如图 9-4 所示。每年综合利用果枝、茶树枝等秸秆作为食用菌基料 4000 t，年产菌棒 100 万棒，年产食用菌香菇、木耳等 8000 t。

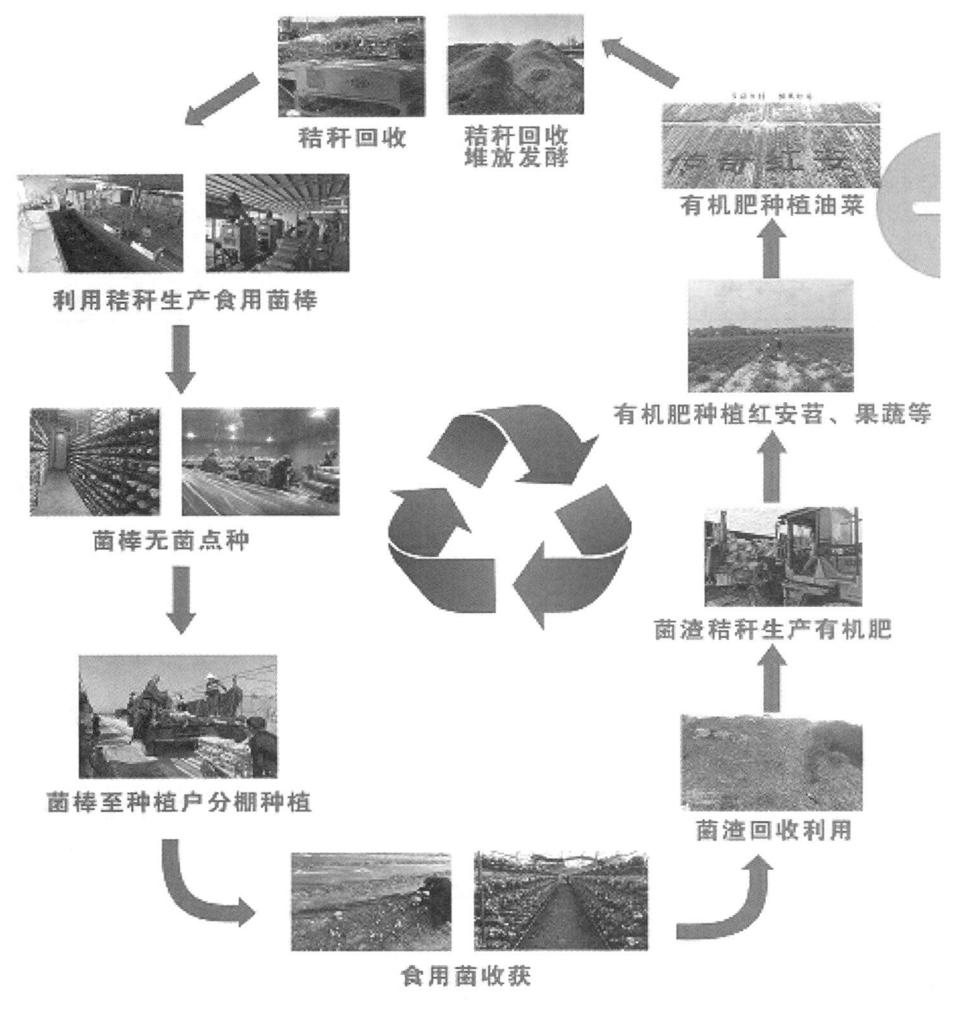

图 9-4　秸秆与食用菌生产循环利用模式流程图

（二）工程概况

1.工艺技术路线

(1) 秸秆基料化。

合作社采用秸秆基料化技术，将农作物秸秆作为食用菌菌棒的基料，种植草本食用菌，如香菇、大球盖菇、草菇等。

(2) 菌渣堆肥。

培养后的菌渣可作为有机肥还田，将废弃的菌棒粉碎添加生物菌酶作为堆沤原料腐熟还田利用。夏秋高温季节，把秸秆、菌渣堆积，厌氧发酵沤制。特点是时间长，受环境影响小，劳动强度低，成本低廉。

(3)有机肥种植作物。

生产的有机肥偏碱性,能很好降低土壤酸性,改善土壤板结问题,能改良土壤,利用这种有机肥种植的红安苕、果蔬口感佳、品形好,经济价值高。

2.建设内容及配套设备

目前已经建成100亩100万棒的食用菌生产加工基地,计划新建30万棒的新基地,建成标准化养菌大棚20座。

3.项目投资及资金构成

食用菌作为黄冈市和红安县扶贫产业项目,投入500多万元新建一条全自动生产线和养菌大棚20座,项目总投资约1200万元。

(三)运行模式

1.原料收集

与当地各大农业种养殖合作社及农户签订秸秆采购合同,以合理回收价格让农户受益,增加经济收入。每年综合利用果枝、茶树枝等秸秆作为食用菌基料4000 t。

2.工程运行能耗

该大棚用水为合作社自建水源,不需收费,年用电支出约12万元,该案例可解决20余人就业,年工资支出约200万元。

3.产品销售

年产食用菌香菇、木耳等8000 t。菌棒肥料能很好地解决土壤酸性化和土壤板结问题,全年每亩可节约肥料资金500元以上。

(四)工程效益

合作社通过农作物秸秆回收利用生产食用菌菌棒、菌包,食用菌销售收益1500万元,同时减少以前焚烧秸秆带来的大气污染,保护了生态环境。食用菌采摘后的废弃菌棒可作为有机肥还田,能很好地解决土壤酸性化和土壤板结问题,所种植生产的绿色生态农产品可提质增效近20万元,每年可节约肥料资金近10万元。合作社循环利用举措节约了资源、减少成本,带动更多的农户增收致富。

典型案例3:湖北襄阳“稻—菇”生态循环高效模式

(一)基本情况

“稻—菇”生态循环高效模式利用水稻秸秆(谷壳、玉米芯、玉米秆等)栽培草腐型食用菌大球盖菇,大球盖菇收获后,菌渣充分腐熟后直接作为有机肥施入稻田。该模式能够促进农作物秸秆综合利用,有效避免农作物秸秆焚烧带来的环境污染,减少水稻种植化肥施用量。

自2017年秋播引进种植大球盖菇以来,襄阳市农业技术推广中心积极探索“稻—菇”模式,到2020年秋播,全市大球盖菇播种面积达到600亩。种植1亩大球盖菇,可以转化利用10亩地农作物秸秆,亩产大球盖菇2000 kg左右,亩增收1000元以上;大球盖菇收获后菌渣直接腐熟还田,增加土壤有机质,下茬作物每亩减少化肥投入80元以上,经济效益、社会效益、生态效益显著。

该工程由襄阳市政府财政拨款，并由襄阳市农业技术推广中心探索管理。

（二）工程概况

技术1：栽培场所选择及处理。栽培场所应远离粮库、粮食加工厂、养殖场、垃圾场等病虫源和污染源。选择土壤保水性和透气性好的田块，土壤环境质量符合GB 15618的规定。对地面及周边环境进行一次灭菌杀虫处理，减少病虫危害。采用厢栽，用生石灰粉直接在稻田打线做厢，厢面宽80～100 cm，走道宽40 cm，长度30 m，厢面成龟背形或平整，四周开排水沟。铺料前整个厢面撒生石灰消毒，每亩用量100 kg。

技术2：栽培料预发酵处理。播种时气温低于22 ℃，且栽培料新鲜无霉变无虫蛀，可以采取生料栽培；播种时气温高于22 ℃，且栽培料有霉变虫蛀情况，必须进行预发酵处理，防止生料栽培高温烧菌和虫害杂菌污染。

技术3：预湿。将栽培料碾压、打碎，在太阳下暴晒2～3 d灭虫灭菌，加入1%生石灰水预湿1～2 d吸足水分，pH值调节在7.5～8之间，含水量保持在65%左右。

技术4：建堆和翻堆。建成底宽2 m、顶宽1 m、高1.5 m、长度适宜的发酵堆，均匀打好透气孔。当料堆内温度达到65～70 ℃时，保持24 h后翻堆，待料温均匀后重新建堆。翻堆2～3次后，当料呈黄褐色，无酸臭味，并有大量白色放线菌时，及时散堆降温至25 ℃以下备用。

大球盖菇栽培基质及配方如表9-2所示。

表9-2 大球盖菇栽培基质及配方

序号	栽培基质及配方			
1	玉米秸秆48%	玉米芯30%	杂木屑20%	生石灰2%
2	玉米秸秆43%	稻壳30%	杂木屑25%	生石灰2%
3	稻草30%	稻壳30%	杂木屑38%	生石灰2%
4	玉米秸秆30%	玉米芯（或稻草、谷壳）18%	茶树枝木屑50%	生石灰2%
5	玉米秸秆30%	玉米芯（或稻草、谷壳）18%	桑树枝木屑50%	生石灰2%

技术5：铺料播种。将浸泡和处理好的栽培料铺在床面上，分三层铺料二层播种，最下一层铺设发酵的生料15 cm，第二层铺发酵过的熟料15 cm，均匀穴播或撒播菌种，穴播种块为核桃大小，间隔20 cm × 20 cm，再铺熟料2～3 cm盖住菌种，最上一层铺生料10 cm，铺料后的厢面成龟背形。每667 m^2菌种用量250～300 kg，菌种生产质量符合NY/T 1742的规定。菌丝长满栽培料1/2时覆土，直接利用走道的土打碎后覆盖在栽培料面上，覆土厚度2～3 cm。覆土后再铺3 cm厚稻草保温保墒。

技术6：菌丝生长期管理。温度、湿度的调控是大球盖菇栽培管理的中心环节。在栽培过程中要根据实际情况采取相应的调控措施，促进菌丝生长。播种后2～3 d菌丝开始萌发。3～4 d菌丝开始吃料，菌丝生长前期一般少喷水。当料堆表面出现干燥发白时适当喷水。过量喷水会造成菌丝衰退。一般要求堆温20～30 ℃，菌丝长势快且健壮。播种后，定时观测堆温的变化，温度低于20 ℃时，搭建小拱棚覆盖塑料薄膜或草被保温；温度高时，可在料堆上打洞通气降温，洞深15～20 cm。

技术 7:菌渣充分腐熟后直接作为有机肥施入稻田。

（三）运行模式

应用生物工程技术高效转化利用秸秆,用工厂化生产方式制成大球盖菇栽培用的菌料,再将菌料送至工厂化栽培车间和农户大棚中进行大球盖菇生产。大球盖菇采收后,废菌料可再次利用,全部用于有机肥生产,可实现废弃物资源化再利用和零排放,形成以秸秆为资源的完整循环经济产业链。该模式不同于一般常见的用秸秆单纯生产有机肥料的转化模式,中间增加了高效农业产品大球盖菇的生产环节,增值效果显著,而有机肥成为大球盖菇生产的副产品。“稻—菇”生态循环高效模式流程图如图 9-5 所示。

①备料。栽培料发酵后更适合菌丝生长

②大球盖菇播种。撒播或穴播方式，菌种播种在栽培料中间

③覆土。覆土可促进出菇，当菌丝长满2/3时覆土

④出菇管理。控制好栽培料湿度，出菇适宜温度为10~25 ℃。第一茬菇出菇前，喷一次重水催菇

⑤防治螨类虫害

⑥及时采收大球盖菇

图 9-5　“稻—菇”生态循环高效模式流程图

1.原料收集

秸秆基料化采用稻草、麦秆、玉米秆、大豆秆、花生秧等农作物秸秆作为栽培料。玉米芯为主要配方的栽培料产量高。按照就地就近原则准备农作物秸秆。选用当年新鲜无霉变、无虫蛀、无污染的秸秆。若秸秆种类丰富,可多种秸秆配合使用。

2.产品销售

产品 1:大球盖菇,栽培时期为 10 月下旬至次年 5 月,10 月份中下旬播种为宜,次年 2 月份开始出菇,周期 3 个月左右。5 t 玉米秸秆大概能生产 1 t 菇,生产的菇在市场上平均约 10 元 / 千克,亩收入在 2 万元左右。

产品 2:有机肥,菌糠高温堆肥可以减少水稻化肥施用量 10% 以上,减少农药施用量 5% 以上,每亩减少化肥投入 80 元以上。

（四）工程效益

该项目利用秸秆生产食用菌推动了全市秸秆综合利用产业的迅速发展，延长了秸秆利用的产业链，增加了秸秆的附加产值，促进了当地农业产业结构调整，推进了农业转型升级，加快了高效生态现代农业的发展。种植1亩大球盖菇，投入15000元左右，可采收2000 kg左右的鲜菇，按照每斤5元的平均价格来计算，收入在2万元左右，刨去成本，收入5000元左右；大球盖菇收获后菌渣直接腐熟还田，增加土壤有机质，下茬水稻每亩减少化肥投入80元以上，该项目每年可减少化肥用量12 t以上。

四、推广条件

（一）适宜区域

秸秆基料化利用适宜在水源、秸秆有保障的区域推广，以秸秆为基质栽培食用菌，在同一地块不能实施水稻与大球盖菇轮作。大球盖菇菌丝体生长温度一般在5～36 ℃，生长最适温度在23～27 ℃，在低温下菌丝生长缓慢，超过36 ℃时菌丝停止生长。栽培场所应远离粮库、粮食加工厂、养殖场、垃圾场等病虫源和污染源。选择土壤保水性和透气性好的田块。

（二）配套要求

该模式需配套堆料发酵场地及基本设施设备，秸秆生产育苗基质片及食用菌基料均需要专业技术队伍，保证其品质优良、肥效稳定，适宜作物生长，利于水稻育秧或菌菇出菇。

第三大类　农村清洁用能类

模式十
高效低排生物质炉 / 灶

一、模式背景

我国南方山区，冬天普遍湿冷，广大农村居民习惯围坐在火炉边取暖聊天、围炉吃饭。由此，农村炉 / 灶市场上出现了既可以当炉面，又可以当餐桌使用的炉具，据估计，我国有近 6 亿人口通过使用传统炉 / 灶进行日常炊事和取暖。这种传统炉 / 灶的利用方式不仅燃烧不充分，占地空间大，而且温室气体排放量大，室内空气污染严重。农村大气污染分析如图 10-1 所示。通过使用高效低排放的炉具与灶具产品，可控制污染物及温室气体排放，提高能源利用效率，维护绿色美丽乡村宜居环境。

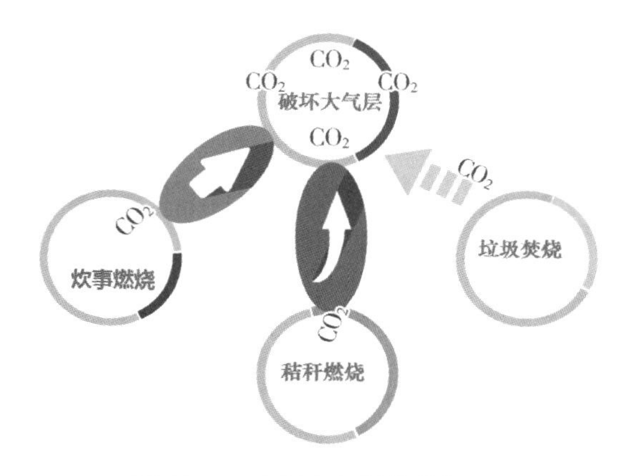

图 10-1　农村大气污染分析

湖北省农林废弃物资源丰富，生物质集成炉 / 灶以农林废弃物为燃料，高效燃烧、清洁排放，既解决了传统柴灶的诸多问题，又传承其独有的田园风味的优点。生物质成型燃料及生物质适配清洁炉具是改善农村地区生态环境的重要措施之一。在未来，生物质成型燃料有望成为农村地区未经处理的秸秆和散煤的清洁替代品，是减少露天农业废弃物燃烧的有效途径。

二、技术要点

（一）概述

生物质集成炉 / 灶（见图 10-2）以可燃生物质（木柴、秸秆、锯末、谷壳、树叶等）为燃料，通过让生物质在炉膛内气化产生可燃气体，可燃气体在炉膛上层的二次供氧下再次燃烧，实现了生物质的充分燃烧，提高炉具热效率的同时减少了烟尘的排放。

图 10-2　生物质集成灶 / 炉实物

其使用过程为将生物质在炉膛顶部直接点燃(上点火，反燃烧)，炉膛温度在短时间内迅速升高，达到一定高温时可使炉膛内的生物质气化成可燃气体(也叫挥发分)，可燃气体在炉膛上部的二次供氧下再次燃烧，产生了大量热量直接从炉膛顶部供热，下层的生物质在高温条件下持续气化、持续燃烧直至燃烧完毕。生物质气化成的可燃气体在二次供氧下直接充分燃烧，减少了烟尘排放，提高了热效率，达到节能、环保的目标。底部的灰箱用于收集生物质燃烧后剩余的灰渣，可以通过抽拉灰箱来控制由灰箱口进入的空气，当生物质燃烧到炉膛下层时，生物质燃烧需氧量增大，拉开灰箱可以进入更多空气，保证生物质充分燃烧。

其特点有：燃料来源广泛、功能齐全，适用于农家烧水、做饭、保温、取暖等多种用途；操作简单，使用方便；高效节能，省柴；环保，干净卫生；使用寿命长；安全可靠；造型美观等。

(二) 关键技术环节

生物质燃料在该炉具的炉膛里燃烧时，为了增加燃烧效率，一次风从炉排底部进入，在炉具上部出口处增加了二次风喷口，从而将固体生物质燃料和空气的气固两相燃烧转化为单相气体燃烧，这种半气化的燃烧方法使燃料得到充分的燃烧，减少了颗粒物和一氧化碳排放，明显地改善了室内空气质量。使用时燃料一般从炉子的上部点燃，自上而下燃烧和空气的流动方向相反。从开始点火到燃尽都可以实现不冒黑烟，可将焦油、生物质炭渣等完全燃烧殆尽，并且在炊事性能上相较煤炉具有较强的竞争力。高效低排放户用生物质炉具应达到下列技术指标。

热效率：炊事炉大于 35%，炊事采暖炉大于 60%，采暖炉大于 65%，烟尘排放浓度小于 50 mg/m^3，SO_2 排放浓度小于 30 mg/m^3，NO_x 排放浓度小于 150 mg/m^3，CO 排放浓度小于 0.2%。

(三) 相关标准及规范

相关标准及规范参考《生物质炊事采暖炉具通用技术条件》(NB/T 34007—2012)和《民用柴炉、柴灶热性能测试方法》(NY/T 8—2006)。

三、案例分析

典型案例1：湖北省恩施土家族苗族自治州咸丰县生物质集成灶

（一）基本情况

恩施土家族苗族自治州咸丰县地处武陵，山清水秀，自然环境优美。该地当前70%以上农户日常炊事取暖均采用薪材、秸秆等资源。湖北新农佳生物质环保节能集成灶，从老百姓日常生活源头厨灶下功夫，承担实施咸丰2020秸秆综合利用实施方案“生物质集成灶秸秆直烧能源转换”项目。2019年，该公司在政府帮助下投入2500万元进行技改扩能，拥有15000 m^2 生产厂房，6条生产流水线，年产10万台生物质环保节能集成灶具(5.5万台集成灶、3.5万台智能取暖炉、1万台定制产品)，拥有技术研发中心、高校联合创新中心。

该公司开发的生物质集成灶简图及实物关键技术点如图10–3所示。

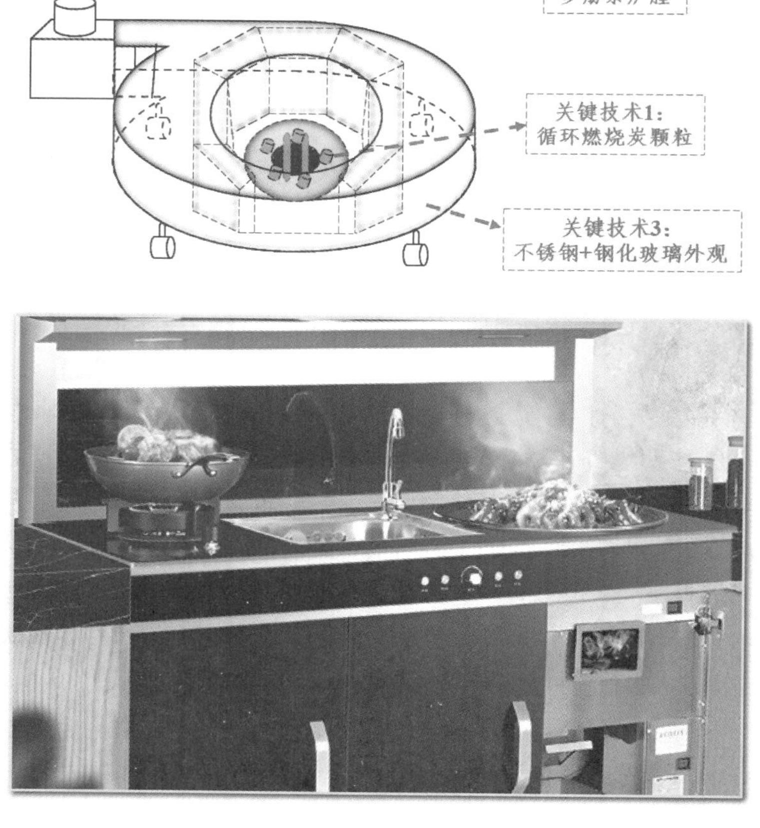

图10–3 生物质集成灶简图及实物关键技术点

技术1:循环燃烧炭颗粒。循环燃烧炭颗粒实现充分燃烧，经利用秸秆、树枝、林业加工废弃物、农村垃圾等原料实现半气化燃烧，同时把抽油烟机吸进的油烟、粉尘二次进风作为燃料与燃烧原料一起再次充分燃烧，无黑烟、浓烟排放，经过循环燃烧的烟气不再有有色颗粒物质，达到无烟排放。

技术 2：多筋条炉膛设计。为了提升热利用率，反复对炉膛、锅的设计进行改进实验，采用多筋条设计，增加了单位热能有效作用，吸热快速均匀，得到最佳改进效果值，并传承柴灶独有的田园风味的优点。

技术 3：采用不锈钢 + 钢化玻璃外观设计。外观采用不锈钢 + 钢化玻璃设计，美观又大方，便于清洁；移动式支撑脚方便移动；隐藏式柴盒设计整洁干净，灰渣自动收集；短小烟管安装方便；采用汽车点火原理，插电一键打火，且火力大小可调；电子点火引燃方便，使用省时简单。

（二）工程技术概况

根据《湖北省农业农村厅关于印发湖北省 2019 年农作物秸秆综合利用工作实施方案的通知》，咸丰县委县政府以秸秆综合利用为中心制订项目实施方案，确定老百姓购买生物质集成灶补助标准，鼓励老百姓从源头遏制环境污染，减排固碳。《咸丰 2020 年秸秆综合利用实施方案》《咸丰 2020 年农村环境综合治理方案》明确推广利用生物质集成灶，秸秆直烧能源转换项目 2000 户，打造集中片区 5 个人居环境示范村，农村垃圾源头减量项目覆盖 32 个重点村 10000 户。

（三）工程效益

通过打造集中片区 5 个人居环境示范村和实施农村垃圾源头减量项目，实现良好的生态效益。秸秆资源得到能源化利用，现每年每户焚烧利用 1～2 t 秸秆。家庭炊事由之前单一木材到现在秸秆综合利用，杜绝了田间焚烧现象，并减少了村庄炊事燃烧产生的 CO_2 排放。每户每天可处理 1 kg 固体可燃垃圾。家庭液化气使用量大幅减少。

按公司 1 万台年产量每年产生效益：①减少森林木材砍伐 18000 m^3，CO_2 排放 480.13 t；②减少使用化石能源液化气 1500 t 合 1000 万元，减少产生 CO_2 排放 4125 t；③减少处理垃圾 3650 t。生物质集成灶经济生态效益分析如图 10-4 所示。

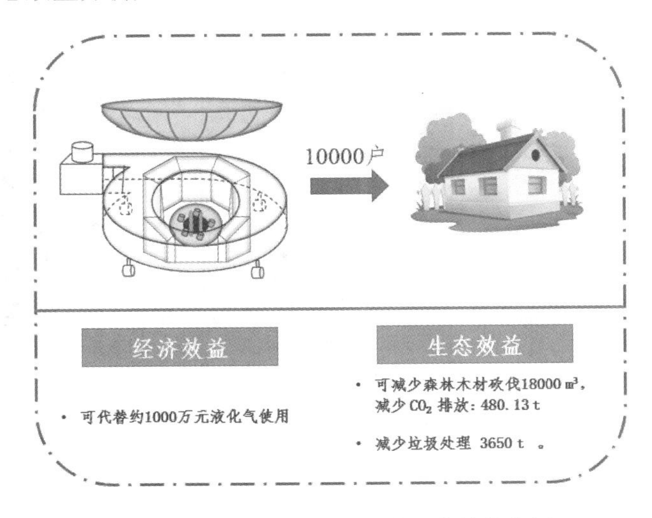

图 10-4　生物质集成灶经济生态效益分析

典型案例2：湖北省宜昌市生物质颗粒取暖炉

（一）基本情况

湖北天池机械股份公司于2014年10月至2015年3月完成高效生物质取暖炉的研发，解决了现有技术中生物质燃料气化效果不理想、引火时间较长、储热性能较差等问题。通过了各项技术测试，技术性能指标均符合设计要求，取得较好成果，并获得发明专利：一种与炉具、太阳能热水器结合使用的自动循环水加热器。专利号：ZL201410348815.9。产品成功实现成果转化，项目所形成产品已成功推向市场，市场反响良好，取得了较好的经济和社会效益。生物质颗粒取暖炉如图10-5所示。

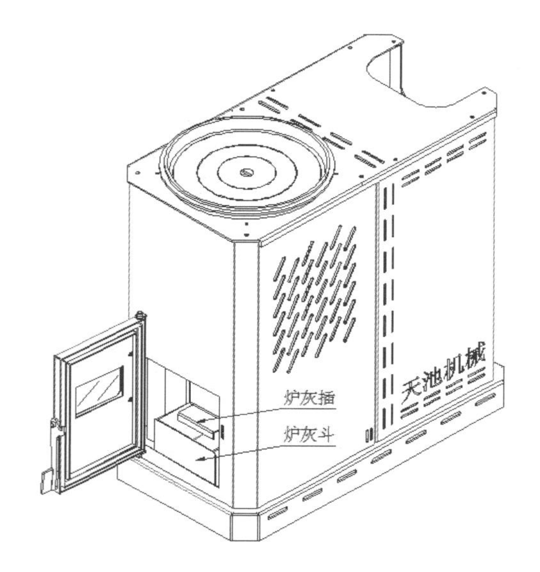

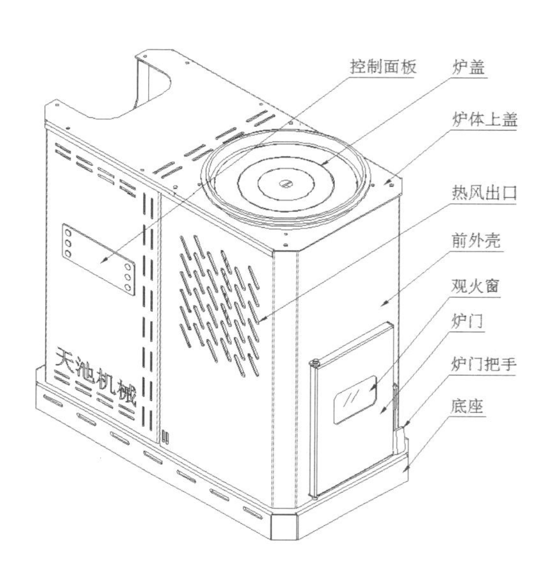

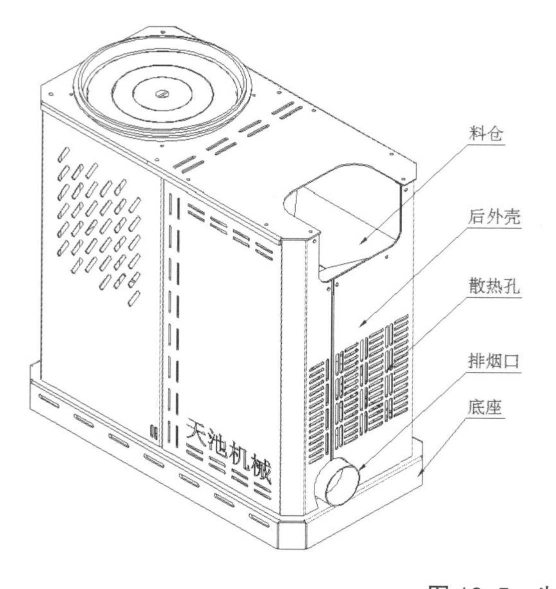

图10-5　生物质颗粒取暖炉

（二）工程技术概况

生物质燃料主要由秸秆、稻草、稻壳、花生壳、玉米芯、油茶壳、棉籽壳等以及“三剩物”经过加工产生的块状环保新能源。其由于形状为颗粒，压缩了体积，节省了储存空间，也便于运输；挥发分含量高，燃点低，易点燃，燃烧效益高，易于燃尽；密度提高，能量密度大，可以直接在燃煤锅炉上应用；生物质颗粒燃烧时有害气体成分含量极低，排放的有害气体少，具有环保效益且燃烧后的灰还可以作为钾肥直接使用，节省了开支。农民可收集富余秸秆等生物质变卖，不但避免将秸秆等生物质在田间燃烧造成空气污染，还可以增加农民收入。

生物质颗粒取暖炉，主要由生物质颗粒炉膛、燃烧控制器、送料装置、点火棒、料仓、抽烟风机组成，通过控制电路控制螺旋进料器将料仓的颗粒送入炉膛并控制点火棒点燃，在炉膛充分燃烧加热炉盖上的炊具，实现炊事功能；多余的热量随烟气自上而下进入地烟道排到室外的过程中炙烤炉壳实现取暖的功能。生物质颗粒取暖核心技术路线如图 10–6 所示。具体包括：炉芯外有内外两层，内层炉芯上分布有通风空隙，构成燃烧室内的二次供氧系统，炉芯下部设置有炉桥和一次风道开关。通过采用双层炉芯的结构，由通风空隙连同二次风道与炉膛燃料的挥发性物质在炉膛上部燃烧使二次进风空隙自下往上渐渐增大供氧，使燃料更充分地燃烧，达到无烟燃烧的效果，提高了热效率，从而降低生物质燃料的用量和碳排放。

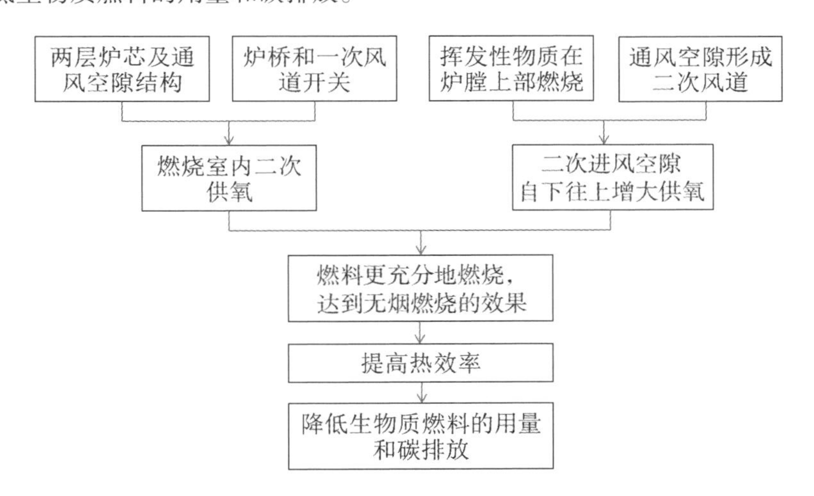

图 10–6　生物质颗粒取暖炉核心技术路线

（三）工程效益

通过该技术生产的炉具在推广过程中得到了广大用户的一致好评，用户评价该炉具外观美观、结构合理、燃烧效率高、无烟尘、节能减排、经久耐用、安全易于清洁等。该产品推广以来，至 2022 年共计销售 139151 台，销售额 11071 万元，该炉具的推广使用提高了生物质能源的使用效率，炊事火力强度可达到 4.1 kW，炊事热效率 38.1%，综合热效率 88.5%，大气污染物排放中烟尘排放浓度 29 mg/m^3，二氧化硫 6 mg/m^3，氮氧化合物浓度 106 mg/m^3，一氧化碳 0.12%，从而降低了温室气体的排放，具有很好的社会效益和生态效益。

四、推广条件

（一）适宜区域

该模式适宜在大量使用薪柴和传统炉/灶取暖和炊事的农村地区。在人口众多、烟机保有量低、邻近生物质集成灶生产地区域或经销体系较为成熟的区域推广。在缺乏薪柴存储空间或禁柴区域可选择颗粒燃料燃料，如住在单元房，薪柴既没空间堆放又难搬运的情况下可以使用秸秆颗粒成型燃料。

（二）配套要求

此炉/灶具必须安装在厨房或单独房间内，以免发生意外或对环境造成污染。此外，应安装直立烟筒，烟筒不宜拐弯，以避免由燃烧不充分而产生的焦油造成烟筒堵塞的情况。

模式十一
区域一体化农村有机废物集中处理与生态循环利用模式

一、模式背景

随着畜禽养殖规模化和集约化程度的提高，以及农业种植中大量化肥的使用，导致养殖业与种植业的相对分离，同时缺乏相应的配套治污接口技术，难以实现多环节链接和粪污－肥料等综合效应的良性生态循环利用。

县乡区域的有机废弃物种类众多，如秸秆、畜禽粪污、厨余垃圾、农产品加工废水废渣、生活污水等。农村有机废物虽然种类多，但部分废弃物数量较少，因而难以单独处理。所以，打破城乡、工业和农业的界限，实现县乡区域一体化集中处理和就地生态循环利用是适合国情的农村多元有机废弃物的处理途径和利用模式。

二、技术要点

（一）概述

以沼气工程为纽带，精准对接区域内畜禽养殖和果蔬基地，建立“沼气合作社＋集中供气站”的两级模式，由沼气合作社与畜禽养殖场和果蔬基地签订原料、肥料供应合同。由集中供气站负责日常原料收集、发酵管理和供气、供肥服务，实现发酵原料和沼肥订单供应，将畜禽粪污进行无害化处理和资源化利用，从而在源头上大大提高畜禽粪污的治理能力。区域一体化农村有机废物集中处理模式路线如图 11-1 所示。

（二）关键技术环节

技术环节1：养殖场集粪池建设

集粪池容积按每头猪 0.2 m^3、肉牛 2 m^3，百只鸡 0.2 m^3 进行建设，集粪池必须加盖雨棚；为避免车辆进入养殖区域，集粪池应根据远程及输送距离配备吸污泵；消毒水与粪污分离，严禁消毒粉、液进入集粪池。

技术环节2：种植基地囤肥池建设

按每百亩建设 100 m^3 囤肥池；可以依据种植种类选择水肥一体化、吸污泵直接灌溉或者人工灌溉；此外，保证吸粪车辆通行畅通性较好。

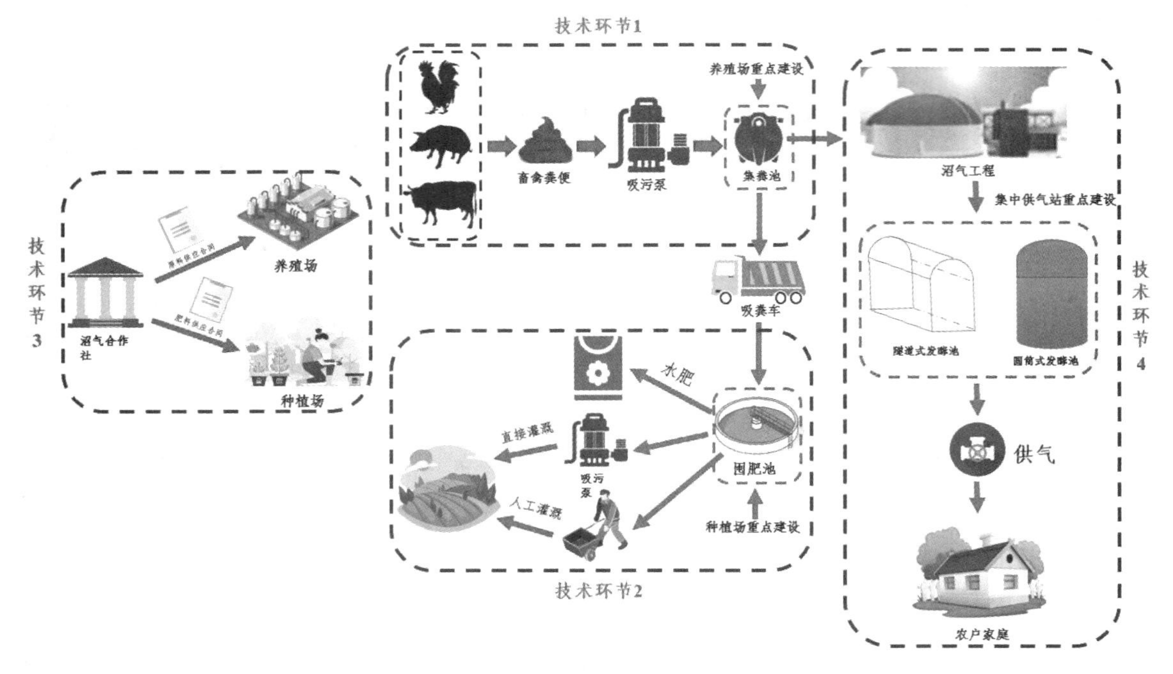

图 11–1　区域一体化农村有机废物集中处理模式路线

技术环节3：进料浓度调控

在地下水位较高地区建设隧道式发酵池，地下水位较低地区建设圆筒式发酵池，同时在冬季增加进料量和进料浓度，保证冬季正常产气，以保证长期稳定运行。

技术环节4：签订原料肥料供应合同

前期与养殖场签订原料收集合同，保证原料稳定供应。同时与农户签订沼肥试用合同，打开沼肥销路，增加沼肥销售收益。

三、案例分析

典型案例：松滋市洁源沼气专业合作社

（一）基本情况

松滋市位于湖北省西南部，处于平原和丘陵结合地区，全市国土总面积 2235 km^2，总耕地面积 92.3 万亩。2019 年，全市秸秆资源量 64.29 万吨。全年生猪出栏 123.21 万头，牛出栏 9838 头，羊出栏 12.71 万只，家禽出笼 817.8 万只，2019 年，全市畜禽粪污资源量 55.59 万吨。

松滋市洁源沼气专业合作社成立于 2013 年 3 月，是松滋首个以沼气技术推广为抓手，承担第三方污染治理，推进生态循环农业发展的新型农民服务实体。目前合作社自有 2 处沼气集中供气站：

(1) 南海镇夹巷沼气集中供气站，发酵容积为 800 m^3，供气农户 150 户及 5 家餐馆，年处理粪污 5760 t，可产沼肥 5500 t；

(2)街河市镇雷鹰坡沼气集中供气站，发酵容积 1000 m^3，供气站采用压缩提纯撬装技术，为新星村和龟咀村 300 户农户提供生活用能，年处理粪污 7200 t，可产沼肥 7000 t。

此外，合作社还为 9 处沼气集中供气站提供后续服务：

(1)南海镇拉家渡沼气集中供气站，发酵容积 1000 m^3；

(2)牛食坡村沼气集中供气站，发酵容积 500 m^3；

(3)新果源沼气供气站，发酵容积 200 m^3；

(4)斯家场镇文家河沼气集中供气站，发酵容积 500 m^3；

(5)公安局监管中心沼气供气站，发酵容积 500 m^3；

(6)乐乡街道办麻水社区沼气集中供气站，发酵容积 500 m^3；

(7)簸箕岩沼气集中供气站，发酵容积 500 m^3；

(8)新江口街道办望月沼气集中供气站，发酵容积 2000 m^3；

(9)沙道观屠宰场沼气供气站，发酵容积 500 m^3。

松滋市洁源沼气专业合作社设有理事会，并任命理事长 1 名，副理事长 2 名，监事 1 名，理事 2 名，专业技术人员 20 人，其中技师 1 名，高级工 4 人，中级工 15 人。有 5 辆沼液抽排车，1 台危化品运输车，20 台套沼气专业检测设备，有规范的章程、服务场所和 24 h 服务的电话，成立了一支沼气管道应急抢修队伍。运营单位服务区域及组织结构如图 11–2 所示。

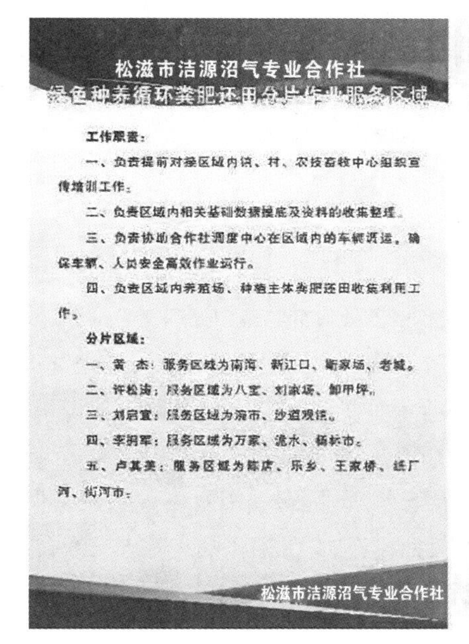

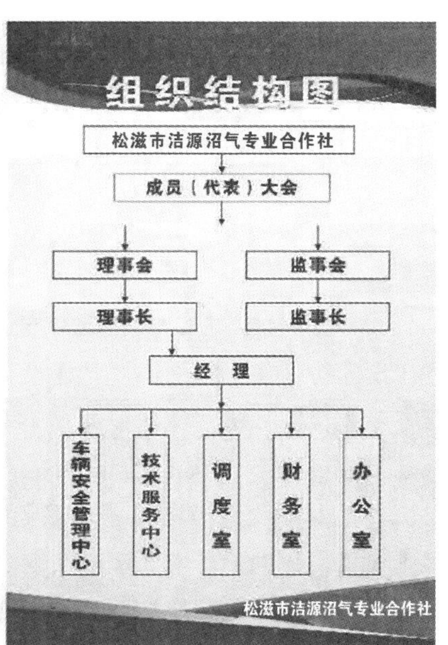

图 11–2　运营单位服务区域及组织结构

松滋市洁源沼气专业合作社发挥着示范带头作用，在"三沼"综合利用及新能源、新技术的推广等方面不断探索，在沼气工程技术中，自主研发设计了自动搅拌、恒温控制、物联网远程监控等高科技元素，实现全天候稳定供气。摸索出了水肥一体化工程的新型工程模式，解决了沼肥利用的技术难题，并取得了专利成果，沼液与秸秆堆沤发酵制成有机肥的综合利用技术也取得突破，在新果源果蔬基地应用成功；自主研发的沼气压缩提纯撬装设备为全国首创，可异地供气，进一步提高沼气市场竞争力，提高了清洁能源利用率。通过“粪污集中治理、水肥气综合利用”，形成以沼气为纽带的区域高效生态循环利用模式。充分利用畜禽粪污等农业有机废弃物为发酵原料生产沼气，推进沼气产业的健康、稳定发展，逐步形成布局合理、功能齐全、运转高效、服务优质的农村新能源服务体系，推进县乡区域农业废弃物一体化处理体系建设，使农村居民也能享受城市燃气带来的便捷，提升幸福感。

（二）工程概况

该模式由当地农业局牵头，合作社与中小型养殖场（主要为养鸡场和养猪场）以及市政管辖的公共厕所签订粪污收集合同，确保发酵原料供应；同时又与当地种植大户签订沼肥配送合同，确保沼肥出路，以保证沼气工程长期稳定运行。

建立“沼气合作社＋集中供气站”的两级模式，供气站负责日常原料收集、发酵管理和供气供肥服务，由沼气合作社统一调度协调，对服务区域内的人畜粪污（猪粪、鸡粪、公厕粪污）进行集中收集运输。松滋市洁源沼气专业合作社农业废弃物集中处理模式如图 11–3 所示。

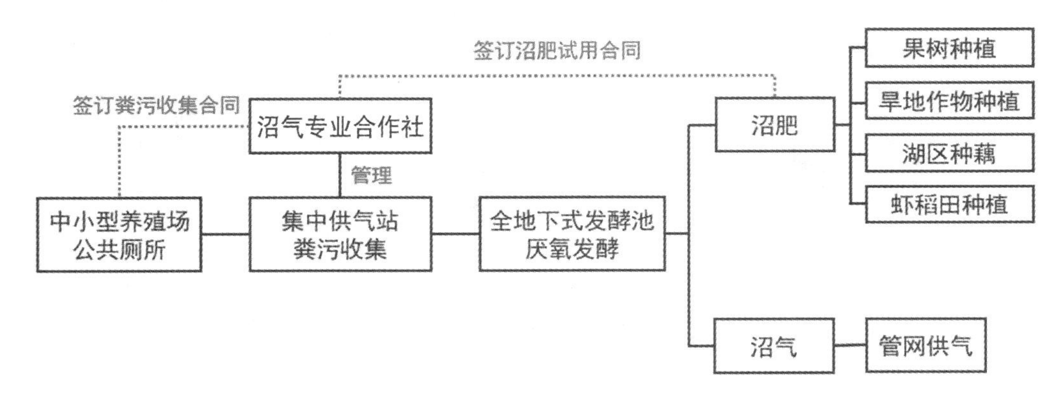

图 11–3　松滋市洁源沼气专业合作社农业废弃物集中处理模式

项目主要建设内容为各个集中供气站建设 500～2000 m^3 的发酵池。项目实地如图 11–4 所示。松滋市洁源沼气专业合作社沼气池建设如图 11–5 所示。在地下水位较高地区建设单体容积 300 m^3 的隧道式发酵池，地下水位较低地区建设单体容积 250 m^3 的圆筒式发酵池。

配套建设沉砂池兼酸化调节池、1∶1 规模的沼肥存储池、储气柜及供气管道，部分供气站配套有沼气压缩提纯设备。同时合作社配备有 5 辆沼液抽排车，1 台危化品运输车，20 台套沼气专业检测设备。松滋市洁源沼气专业合作社配套设备如图 11–6 所示。

项目建设资金主要用于设备购置和土建。目前共建有 8 处，其中 2000 m^3 一处，1000 m^3 两处，500 m^3 五处。资金投入明细为：太阳能增温设备 10000 元 / 台，共 8 万元；搅拌设备 2000 元 /500 m^3，共计 2.6 万元；控制设备 5000 元 / 套，共 4 万元；脱硫设备 5000 元每 500 立方米，共 6.5 万元；沼气膜浓缩提纯设备 80 万元；8 m^3 沼液抽排车 20 万 / 辆，共 5 辆，100 万元。发酵池和储气罐土建费用为 1500 元 / 立方米，储气罐容积按发酵池 20% 建设，即每套设备土建费用为 1800 元 / 立方米，目前总容积为 6500 m^3，总土建费用为 1170 万元。

图 11-4　项目实地

图 11-5　松滋市洁源沼气专业合作社沼气池建设

图 11-6　松滋市洁源沼气专业合作社配套设备

（三）运行模式

1.原料收集

通过与上游养殖业签订合同，确保原料供应。原料收集自当地不具备粪污处理条件的中小型养殖场（主要是养鸡场和养猪场），同时受市政委托收集公共厕所的粪污，目前以 1 万～2 万只存栏量的小型养鸡场粪污为主要原料。松滋市洁源沼气专业合作社畜禽粪污原料收集如图 11–7 所示。

图 11–7　松滋市洁源沼气专业合作社畜禽粪污原料收集

养殖场免费提供畜禽粪污，原料收集主要费用为抽排车运输费用，以 10 km 计算，收集一趟消耗油费 60 元左右，人工 40～50 元，合计 100 元 / 趟。市政公厕抽渣为有偿服务，政府支付每车次（小于 8 t）500 元的收集费用。

2.粪污处理

集中收集的有机废弃物在就近的集中供气站以常温厌氧发酵技术为核心工艺进行处理。采用全地下式发酵池，夏季发酵水力滞留时间约 30 d，冬季增加进料量和进料浓度，缩短发酵水力滞留时间为 15 d 左右，以保证冬季正常供气。

3.沼气供户

各处集中供气站配套建设沼气供气设备，铺设供气管网，供周边的农户、餐馆、单位食堂等日常生活生产使用，部分供种植基地用于增温越冬，沼气售价为 2.5 元 / 立方米，沼气供户使用如图 11–8 所示。

4.沼肥销售

沼肥售价为 30 元 / 吨，由第三方组织通过吸粪车将熟化后的沼液沼渣直接运送到种植基地，用于果树种植、旱地作物种植、湖区种藕和虾稻田种植。每亩年消纳量为 2 t 左右，建立合作社联动运作、签订粪污产用合同、订单运作等方式，直接用于农作物生产，减少化肥使用量，提高土壤肥力，实现生态、经济效益双丰收。松滋市洁源沼气专业合作社沼肥运输与沼肥施用如图 11–9 所示。

图 11-8　沼气供户使用

图 11-9　松滋市洁源沼气专业合作社沼肥运输与沼肥施用

（四）工程效益

松滋市洁源沼气专业合作社下辖 11 座集中供气站，发酵总容积 8000 m^3，年产气约 115 万立方米，供气约 2400 户，全年沼气销售收益约 290 万元。年处理粪污约 5.8 万吨，年产沼肥约 5.6 万吨，全年沼肥销售收益约 168 万元。案例项目整体运行物质流及效益分析如图 11-10 所示。沼气集中供气站可以保证收支平衡，略有盈余。

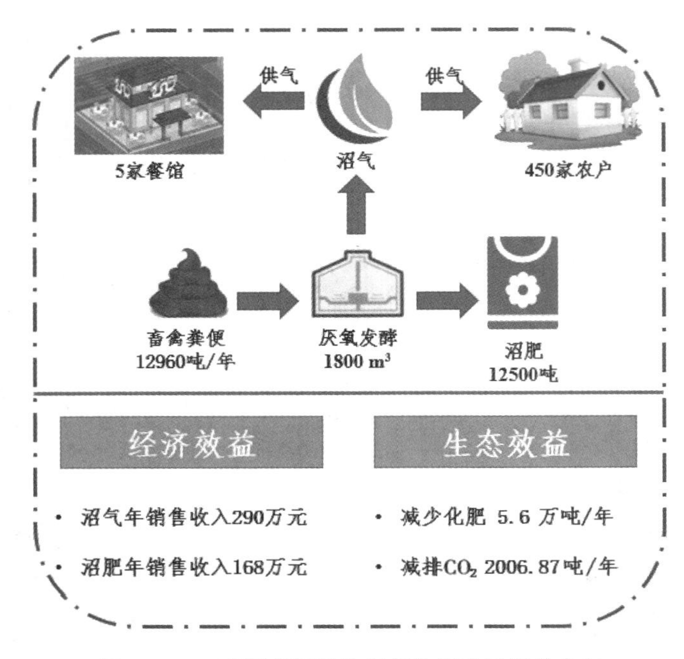

图 11-10　案例项目整体运行物质流及效益分析

四、推广条件

（一）适宜区域

该模式适合养殖业与种植业较为发达但分布零散，难以单独进行农业废弃物处理的地区，通过打破城乡、工业和农业的界限，实现城乡一体化集中处理和就地生态循环利用。此外，该模式适宜区域还应具有原先建有的沼气工程多、交通运输便利等特点。通过区域一体化农村有机废物集中处理与生态循环利用模式，不仅解决了原来城乡有机垃圾、畜禽粪便难以处理的问题，而且能将有机废物进行资源化转化，为附近农户、餐馆提供沼气，为种植业提供水肥，有效推动城乡有机垃圾、畜禽粪便资源化利用。

（二）配套要求

建立上下联动的服务体系，应建立覆盖所有区域的“县—镇—村”服务体系及相应服务设备、设施，从而逐步实现沼气维修与服务的专业化、规范化。采用技术人员准入制，技术人员必须持证上岗，承担建池技术员、沼气知识宣传员、沼气安全指导员等职责。建立公开的用户服务长效机制。做好农户来电登记，搜集信息，依规建池、维修，提供安全检修、废弃物收集、气肥供应等服务制度。

模式十二
农村改厕与人居环境整治

一、模式背景

据统计，我国农村地区约 80% 的传染病是由厕所粪便污染和饮水不卫生引起的，因此，厕所革命对于农村地区防控疾病传播具有重大意义。厕所革命最早由联合国儿童基金会提出，是针对发展中国家的厕所进行改造的一项举措，也是一个国家文明的重要标志。近 10 年来，在各级政府的推动下，我国将农村厕所革命作为农村人居环境治理的重要组成部分，整治力度不断加大。

习近平总书记对深入推进农村厕所革命作出重要指示，强调"十四五"时期要继续把农村厕所革命作为乡村振兴的一项重要工作。2019 年，中央农办、农业农村部等 7 部委联合印发了《关于切实提高农村改厕工作质量的通知》，提出要优先解决好农村厕所粪污收集和利用去向等问题。

二、技术要点

（一）概述

通过农厕服务站功能辐射，能够将村人畜粪污、作物秸秆、生活污水、垃圾分类进行收集、处理、储存、利用，保护生态环境并持续为农村人居环境整治提供服务。农厕服务工作路线如图 12–1 所示。

（二）关键技术环节

技术环节1：各级机构建设

市级层面成立农厕服务中心（指导主体），负责指导全市农厕服务暨厕所粪污无害化处理、资源化利用工作及农厕服务指导、培训、协调、管理、考核等工作。

乡镇层面成立农厕服务站（管理主体），负责本区域农厕服务的运行管理、监督考核等工作。

村级层面配备农厕服务信息员（监督主体），负责辖区农厕服务的信息通报、监督服务及协助考核运行主体等相关工作。

技术环节2：服务队伍和服务方式

服务队伍（运行主体）由各地从第三方公司、农业新型经营主体、沼气服务站等主体中择优选择，具体负责农厕服务站值守，农厕服务站日常运行，农村户厕和公厕厕具维修、粪污抽运等工作。

技术环节3：建立常态长效的农厕服务运行机制

市农厕服务中心围绕服务质量、队伍管理、台账真实性、群众满意度等指标，对各地农厕服务运行情况每季度考评一次。同时，建立考核奖惩机制，奖优罚劣，对农厕服务各环节、全流程实时监管，推进农厕服务高效运行。

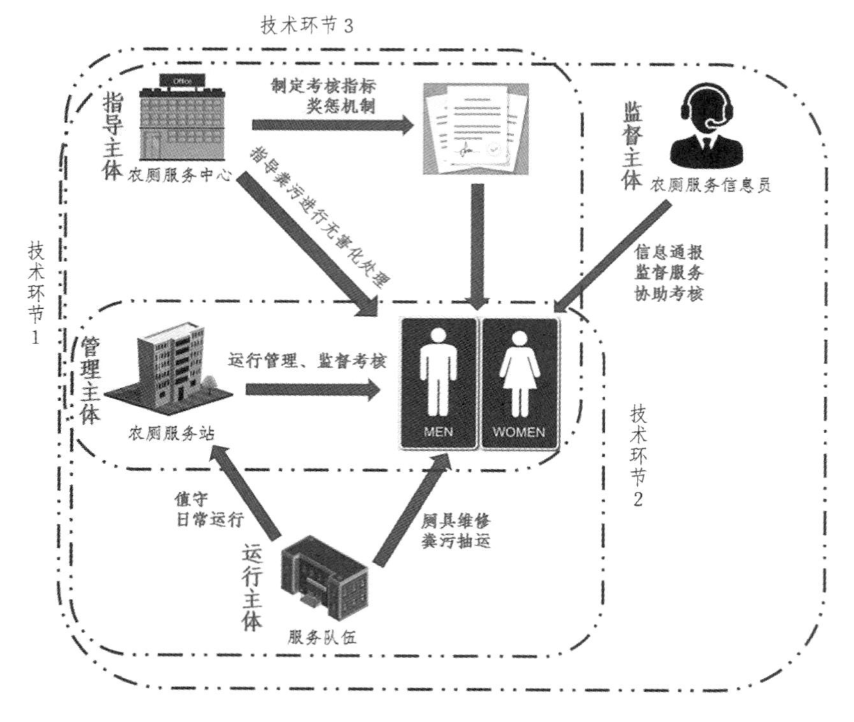

图 12-1　农厕服务工作路线

（三）相关标准及规范

相关标准及规范参考《农村三格式户厕建设技术规范》(GB/T 38836—2020)、《农村三格式户厕运行维护规范》、《农村集中下水道收集户厕建设技术规范》等。

三、案例分析

典型案例：钟祥市——湖北省“厕所革命”整县制试点市

（一）基本情况

钟祥市位于湖北省中部、汉江中游，是中国国家历史文化名城、世界长寿之乡。全市总面积 4488 km^2，下辖 1 个街道，17 个乡、镇、场，总人口 103 万。耕地面积 290 万亩，年产可利用各类农作物秸秆 100 余万吨。2019—2020 年钟祥市是湖北省“厕所革命”整县制试点县市。截至目前，全市农村公厕改造 499 座，农村户厕改造 14.08 万户，基本实现应改尽改。

该案例在全市镇建农厕服务站 17 座，村建粪污储存池 300 个，搭建服务平台，组建服务队伍 23 个，农厕服务做到全覆盖。农厕服务既解决了有机废弃物“何处去”之难，又解决了种养基地肥料资源“哪里来”的需求，实现了废弃物的资源化利用。推广“厕所维护 + 农业废弃物 + 清运 + 沼气站（无害化处理）+ 农业种植基地消纳吸收”的运行利用模式，即钟祥市农厕粪污无害化处理与资源化利用生态循环模式如图 12–2 所示，实现了农厕粪污无害化处理后，“水、肥、气”的高效利用，走出了一条变废为宝，助力农业绿色发展的新路子。钟祥市农厕服务工艺技术路线如图 12–3 所示。

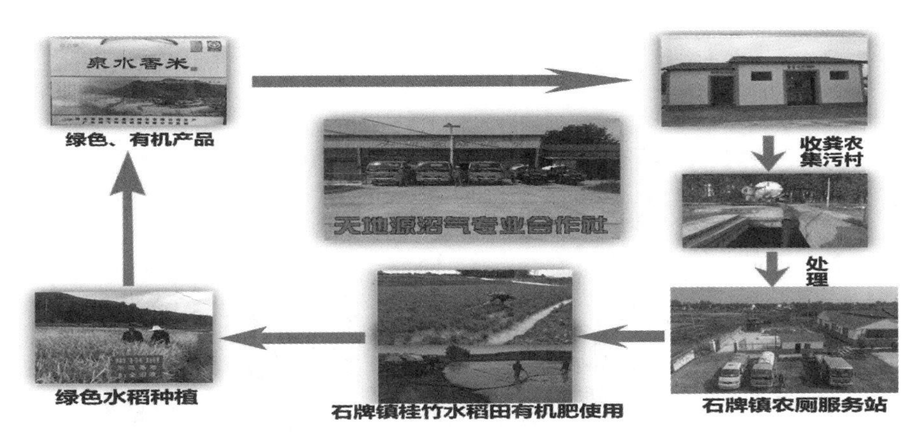

图 12–2　钟祥市农厕粪污无害化处理与资源化利用生态循环模式

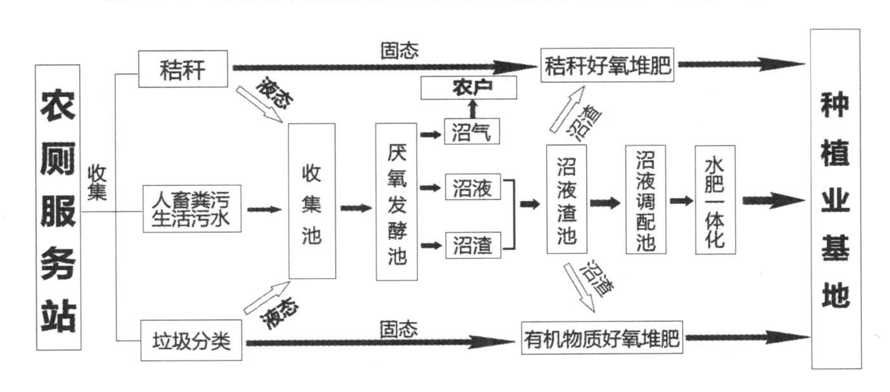

图 12–3　钟祥市农厕服务工艺技术路线

（二）工程概况

市配抽运车辆：在市能源办现有的吸污车辆基础上，增购适应进村湾、入农户的小型抽污车辆（1.5 m^3 三轮吸污车）及便携式设备，由市农业农村局统一为各地配备粪污抽运车辆。合并乡镇按照每镇 2 辆配备，其他乡镇按照 1 辆配备。

镇建农厕服务站：以乡镇为单位，按照“十有标准”（有场所、有牌子、有车辆、有专职管理人员、有电话、有经费、有配件专柜、有活动记录、有台账、有运行主体）共建设 17 座农厕服务站。主要根据无害化处理、资源化利用农厕服务站所覆盖范围大小，建设 100 m^3 以上的厌氧发酵池、150 m^3 以上的好氧发酵避雨堆肥场、所需的吸排车（1.5～2 m^3）以及供水、供电、道路等配套设施。

主要建设如下：

（1）沉砂池兼酸化调节池 10 m^3；

（2）主体厌氧发酵池 100 m^3；

（3）沼液沼渣池 100 m^3；

(4) 沼气净化设备 0.3 m^3;

(5) 集中供气范围 1 km;

(6) 年产沼肥 3285 t。

农厕服务站建设资金主要源于政府专项资金，每处沼气服务站建设费用约 70 万元。农厕服务站如图 12-4 所示。

图 12-4　农厕服务站

村级粪污储存池（见图 12-5）：市农业农村局负责在全市范围内新建 300 口村级粪污储存池，做到每个储存池就近服务 2～3 个村。根据实际需求建设有两种规格的混凝土储存池，分别为 30 m^3 和 50 m^3。储存池建设资金主要源于政府专项资金，每座 50 m^3 储存池建设费用约 5 万元，30 m^3 储存池建设费用约 3 万元。

图 12-5　村级粪污储存池

（三）运行模式

1.模式特点

建立常态长效的农厕服务运行机制。通过政府向社会购买服务和市场化收入，探索农村人居环境整治“建、管、用”体系，负责辖区内的粪污无害化处理和资源化利用工作，做到服务有电话，工作有制度，对象有台账，安全有措施，工作有流程，并实现了物联网管理机制。钟祥市委办公室印发了《农厕服务运行机制专题会议纪要》，并出台了《钟祥市农厕服务运行实施方案》。

2.运行机构

市、镇、村(分场、大队)三级设置专门机构或岗位，统筹推进农厕服务常态运行。

市级层面成立农厕服务中心(指导主体)，由市农村能源办公室负责组建，明确2名工作人员，负责指导全市农厕服务暨厕所粪污无害化处理、资源化利用工作及农厕服务指导、培训、协调、管理、考核等工作。

乡镇层面成立农厕服务站(管理主体)，在各地农技服务中心成立农厕服务站，由乡镇街办负责管理，明确1名分管领导，农技服务中心明确1名工作人员，负责本区域农厕服务的运行管理、监督考核等工作。

村级层面配备农厕服务信息员(监督主体)，由村网管员担任本村农厕服务信息员(含场、区中分场、大队网管员和三个大型水库网管员)，负责辖区农厕服务的信息通报、监督服务及协助考核运行主体等相关工作。

服务队伍(运行主体)由各地从第三方公司、农业新型经营主体、沼气服务站等主体中择优选择，要求本人自愿，身体健康，从业资格完备。具体负责农厕服务站值守，农厕服务站日常运行，农村户厕和公厕厕具维修、粪污抽运等工作。同运行主体签订农厕服务合同，并报市农厕服务中心备案。

3.服务方式

农厕服务采取“电话预约、上门服务”的方式进行。市农厕服务中心统一印制农厕便民服务卡，注明使用方法、注意事项、维护电话，由村张贴到户厕。农户和小型养殖户通过服务卡联系电话，预约维修、抽污等服务，每年享有1次免费服务机会。

服务队一次一车可服务3～4户农户，收集的粪污优先运输至储存池储存或种植基地使用，无法存储的部分运输至农厕服务站。农厕服务站通过厌氧发酵技术进行处理，所产沼气供周边1 km的农户使用，沼肥运输至种植基地使用。农厕粪污抽运车辆停放现场如图12-6所示。

图12-6　农厕粪污抽运车辆停放现场

4.资金保障

市政府每年预算安排资金300万元，专项用于农厕服务的设施设备添置及年度农厕服务运行费用。其中服务队伍人员工资每人2000元/月，服务队伍收集户用农厕粪污每户补贴30元/年。

5.监督考核

市农厕服务中心围绕服务质量、队伍管理、台账真实性、群众满意度等指标，对各地农厕服务运行情况每季度考评一次。同时，建立考核奖惩机制，奖优罚劣，对农厕服务各环节、全流程实时监管，推进农厕服务高效运行。

（四）工程效益

改善人居环境。通过对厕所粪污无害化处理、资源化利用，消灭了苍蝇、臭味、病原体和虫卵，防止了病害的传播，提高了居民的生活质量，为生态宜居打下了坚实的基础。

变废为宝。对厕所粪污和农业废弃物进行收集和无害化处理，是解决农村人居环境污染源的有效手段，通过厌氧、好氧发酵获得了“水、肥、气”等重要资源，既保护了环境，又节约了资源。

绿色发展。通过沼气无害化处理纽带，将产生的沼液有机肥，通过水肥一体化设施，施于特色种植，沼渣与秸秆混合好氧堆肥，用于施农田有机底肥，解决有机肥替代化肥，形成了“一控二减三基本”为核心的技术支撑体系。

以单个农厕服务站为例：农厕服务站设计日处理粪污10 m^3，年产沼肥3000 t，每吨沼肥按40元计算，年沼肥收入（节省化肥）14万元；沼气7000 m^3，供周边农户生活用能，每立方米沼气按1.5元计算，年节省生活用能开支1万余元；年节省标煤5.3 t，减排二氧化碳13.35 t、二氧化硫0.05 t、氮氧化物0.012 t、PM2.5颗粒物0.08 t。钟祥市农厕粪污处理服务项目整体运行模式及效益分析如图12–7所示。

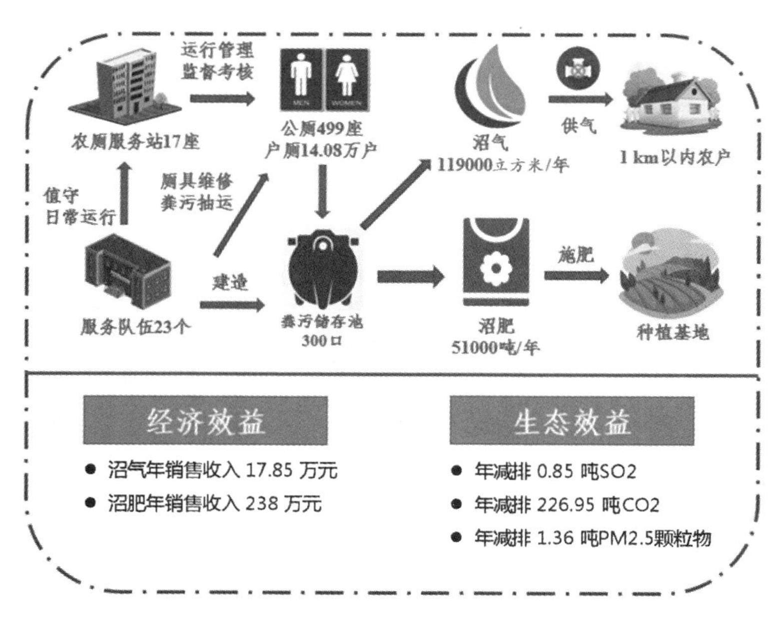

图12–7 钟祥市农厕粪污处理服务项目整体运行模式及效益分析

四、推广条件

（一）适宜区域

因地制宜在县市区范围推广多种农厕粪污处理模式：山丘地区推广三格化粪池模式，平原湖区推广三格化粪池 + 人工湿地模式，新建社区推行污水处理站（场）收集处理，集镇社区统一接入集镇污水管网集中处理。

（二）配套要求

（1）机构建设。市级层面成立农厕服务中心、乡镇层面成立农厕服务站、村级层面配备农厕服务信息员。

（2）服务队伍。服务队伍由各地从第三方公司、农业新型经营主体、沼气服务站等主体中择优选择。

（3）配套设备。配备适应进入村湾、入农户的小型抽污车辆，每个乡镇按照 1 辆配备。

（4）配套设施。建设 100 m^3 以上的厌氧发酵池、150 m^3 以上的好氧发酵避雨堆肥场、所需的吸排车（1.5～2 m^3）以及供水、供电、道路等配套设施。

模式十三
低碳村镇综合生态技术集成与示范

一、模式背景

农村生活能源消费是全国能源消费的重要组成部分。农村地区 30% 的碳排放是由农村地区村民的消费直接产生的。农业生产是温室气体的排放源之一，主要排放源包括甲烷和氧化亚氮，动物饲养以及稻田种植过程中会产生甲烷，动物粪便管理和农田施肥过程中会产生氧化亚氮。IPCC 第五次评估报告指出，农业源氧化亚氮排放占人类活动氧化亚氮排放的 60%，农业源甲烷排放占人类活动造成的甲烷排放总量的 50%，由此可见农村地区居民的生活以及农业生产行为带来的碳排放量是不可忽视的。因此，在我国农村地区实施低碳建设、贯彻低碳理念、完善相应的政策，建立低碳村乃至零碳村，这是我国利用低碳理念和低碳技术来应对气候变化，实现“双碳”目标的重要战略之一。

近些年来部分农村地区逐渐开展了能源转型革命，从户用沼气到大中型沼气工程，生物质气化将初级生物质能转化为清洁、高效的气体燃料，改善了农林废弃物、农作物秸秆和畜禽粪污堆积浪费的情况，减少了生物质能弃置，具有良好的应用前景。另外，随着技术进步，农村地区太阳能、风能的利用日益广泛，太阳能热水器、太阳能路灯、光伏发电、风力发电以及风力灌溉等都是农村能源体系积极改革，以实现碳减排目标的实现途径。因此，开发农村可再生能源应用潜力，推动农村能源转型，建设打造低碳甚至是零碳村镇，对实现我国农业双碳目标具有重要的现实意义。

二、技术要点

（一）概述

低碳村镇的建设主要从生活、生产两方面出发，以村镇为单位进行低碳建设与普及推广。低碳村镇整体系统的建设主要包括居民生活用能低碳建设、养殖业沼气工程建设、种植业节能减排建设，不同村域的三大子系统的低碳建设因地制宜，结合村镇的地理位置、可再生资源量、政策制度等来实施详细具体的方案。

农村居民生活用能主要包括用电及用气。目前可采用新能源发电技术供电，以代替传统的火电。一般农村地区村域广空地多，可以采用集中光伏技术或者屋顶光伏技术等发电并入电网。村镇道路边可建设太阳能路灯，白天太阳能发电储能，晚上道路照明；在作物秸秆、畜禽粪污资源丰富的村镇，还可采用生物质直燃发电、沼气发电等技术，使用新型可再生能源代替传统能源，有效减少碳排放。

农村地区养殖业粪污堆积会造成环境污染、疾病传播，同时造成大量 CH_4 排放，沼气工程是村镇实现种养结合模式、节能减排的关键技术，在处理畜禽养殖粪污的同时可以生产高质量的沼液沼渣有机肥，并产生清洁高效的沼气能源。中大型沼气工程可以建设在规模化的养殖业厂区附近以方便原料贮运，沼气提纯后输入天然气管网或集中供气给周边农户。

农作物秸秆是农业生产的潜在养分资源库，合理应用可改善土壤理化性质，提高土地生产能力。将其作为农田有机物料就近消纳，是种植废弃物的主要处理方式之一，秸秆粉碎还田是简单高效的处理方式，能够有效增强土壤培肥效应，降低农田径流氮磷流失，同时提高土壤有机碳含量，实现土壤增肥。沼气工程产出的沼液沼渣可作为有机肥施用，增加土壤肥力，增加作物产量，同时能够减少化肥和其他有机肥的施用，从而减少化肥、有机肥生产带来的碳排放。低碳村镇可再生能源综合利用模式及减排固碳效应如图 13–1 所示。

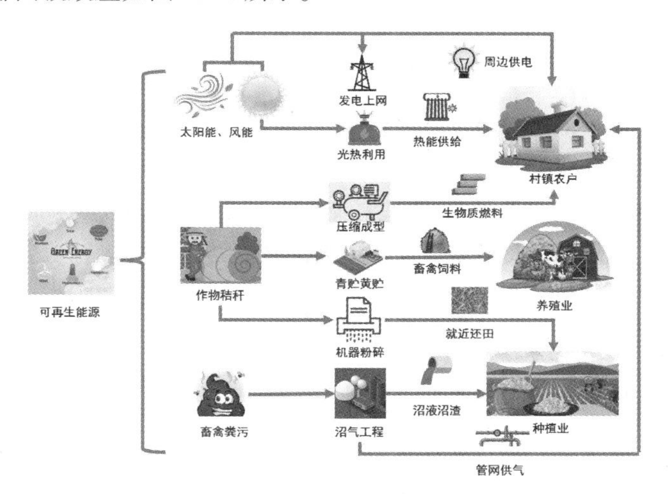

（a）低碳村镇可再生能源综合利用模式路线图

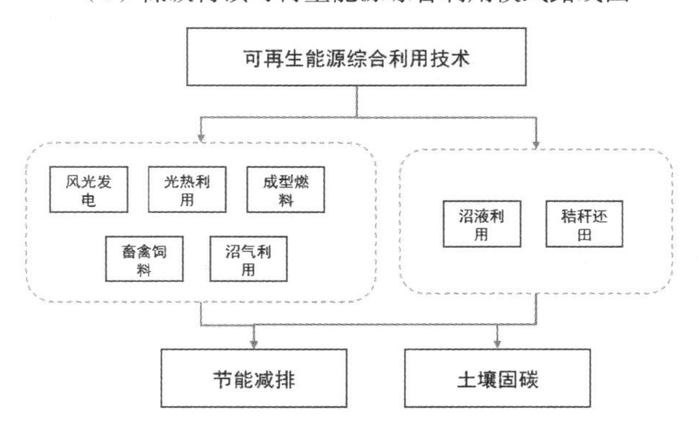

（b）可再生能源综合利用减排固碳效应

图 13–1　低碳村镇可再生能源综合利用模式及减排固碳效应

（二）关键技术环节

技术环节1：太阳能风能利用技术

(1)分布式风光发电。

分布式光伏发电，又称分散式发电或分布式供能，指利用“光生伏打效应”将太阳辐射能通过半导体物质转变为电能，分布式建在用户场地附近，运行方式为用户自发自用、多余电量上网，且配电系统可以平衡调节光伏发电设施，可解决当地用户用电需求，是一种新型的、具有广阔发展前景的发电和能源综合利用方式；风力发电机是将风能转换为机械功，机械功带动转子旋转，最终输出交流电的电力设备。风力发电机一般由风轮、发电机（包括装置）、调向器（尾翼）、塔架、限速安全机构和储能装置等构件组成。风力发电机的工作原理比较简单，风轮在风力的作用下旋转，它把风的动能转变为风轮轴的机械能，发电机在风轮轴的带动下旋转发电。

从低碳环保与低成本经济的双重角度出发，合理规划风光发电布局对于低碳村镇的建设非常重要，可采用可再生能源微电网优化仿真分析电网容量优化配置，为可再生能源发电系统分析提供可行性参考。

(2)太阳能光热利用技术。

太阳能热水器工作时，太阳辐射透过真空管的外管，被集热镀膜吸收后沿内管壁传递到管内的水。管内的水吸热后温度升高，比重减小而上升，形成一个向上的动力，构成一个热虹吸系统。随着热水的不断上移并储存在储水箱上部，温度较低的水沿管的另一侧不断补充，如此循环往复，最终整箱水都升高至一定的温度。太阳能热水器将太阳光能转化为热能，满足农户在生活、生产中的热水使用。

技术环节2：秸秆综合利用

(1)生物质成型燃料加工。

生物质成型是采用秸秆、果木剪枝等生物质原料，在一定温度和压力作用下，利用固化成型设备将其压缩成棒状、块状或颗粒状等成型燃料的技术。利用压缩成型机械将长度在50毫米以下，含水率在10%～25%范围内的松散生物质废料，在超高压(50～100 MPa)的条件下，挤压成块状或颗粒状。压块成型后的颗粒比重大、体积小，便于储存和运输，具有易燃、灰分少、成本低等特点，可替代木柴、散煤等燃料。

(2)秸秆青贮黄贮。

青贮技术就是把新鲜的秸秆填入密闭的青贮窖或青贮塔内，经过微生物发酵作用，达到长期保存其青绿多汁营养特性之目的的一种简单、可靠、经济的秸秆处理技术；黄贮是利用干秸秆做原料，通过添加适量水和生物菌剂，压捆以后再袋装储存的一种技术。

(3)秸秆还田。

秸秆还田是把收割后的水稻秸、玉米秸等直接或堆积腐熟后施入土壤的一种方法，在杜绝了秸秆焚烧所造成的大气污染的同时还有增肥增产作用。秸秆还田能增加土壤有机质，改良土壤结构，使土壤疏松，孔隙度增加，容量减轻，促进微生物活力和作物根系的发育。秸秆还田增肥增产作用显著，一般可增产5%～10%。同时秸秆还田一定程度上代替了肥料，起到了固碳减排的效果，可采用全生命周期分析的方法评估秸秆还田带来的减排固碳效益。

技术环节3：沼气工程

(1)集中式供气。

发酵罐产出沼气，须进行脱水、脱硫处理后进入气柜储存。输配管道采用PE专用燃气管埋地敷设，耐腐蚀、不易老化，经久耐用，管道沿线安装醒目的警示标牌，依地形设置坡度，在管道局部低点处安设排水装置，确保供气管道的安全性和供气质量的稳定性。

(2)沼液输送管网。

沼液利用管网铺设200 mm PE管道输送到农田，每50 m设置一个转换接头，再由农户自接63 mm PE管道到农田。

（三）相关标准及规范

相关标准及规范参考《大中型沼气工程技术规范》(GB/T 51063—2014)、《村镇光伏发电站集群控制系统仿真测试技术要求》(GB/T 40616—2021)、《城镇燃气设计规范》(GB 50028—2006)、《农村秸秆青贮氨化设施建设标准》(NY/T 2771—2015)、《秸秆成型燃料清洁生产技术规程》(DB34/T 3655—2020)、《小麦－玉米秸秆还田技术规程》(DB42/T 1676—2021)、《沼液沼渣利用技术规程》(DB62/T 2278—2012)等。

三、案例分析

典型案例：荆州市松滋市新星村零碳村镇建设实施项目

（一）基本情况

松滋市位于湖北省西南部，处于平原和丘陵结合地区，隶属荆州市管辖。2015年被列为第二批国家新型城镇化综合试点地区。新星村从20世纪70年代就开始发展农村沼气，目前全村拥有户用沼气431户，普及率达70%以上。近年来由于农户分散，养殖大幅减少，原料缺乏，正常生产沼气的不多，部分户用沼气用于生活污水处理池。新星村积极推广太阳能和生物质节柴炉灶，全村安装太阳能热水器368户，普及率达58%；生物质炉562户，普及率达90%以上；村级公路主干道及村小区安装太阳能路灯462盏。462户炊事主要燃料使用罐装液化石油气，占农户75%以上，少部分农户使用薪柴和秸秆。2019年新星村引进撬装式沼气集中供气技术，已在新星村9组进行试点示范，逐步替代石油液化气。新星村低碳村镇建设现场图如图13-2所示。

（a）撬装式沼气集中供气设施实景图

图13-2　新星村低碳村镇建设现场图

（b）太阳能照明洗浴和生物质炉实景图

（c）生活污水处理及沼肥利用实景图

（d）秸秆沼气工程示范

续图 13-2

（二）工程概况

1.工艺技术路线

该大型低碳（零碳）建设项目基于农业废弃物与自然资源的综合利用，依托沼气站、有机肥加工厂、太阳能利用、生物质清洁炉具等新能源零碳利用技术，开发太阳能、生物质能等为主要内容的低碳产业，实现可再生能源基本替代化石能源，引导生活用能方式向清洁低碳转变。新星村低碳村镇项目建设技术路线如图 13-3 所示。

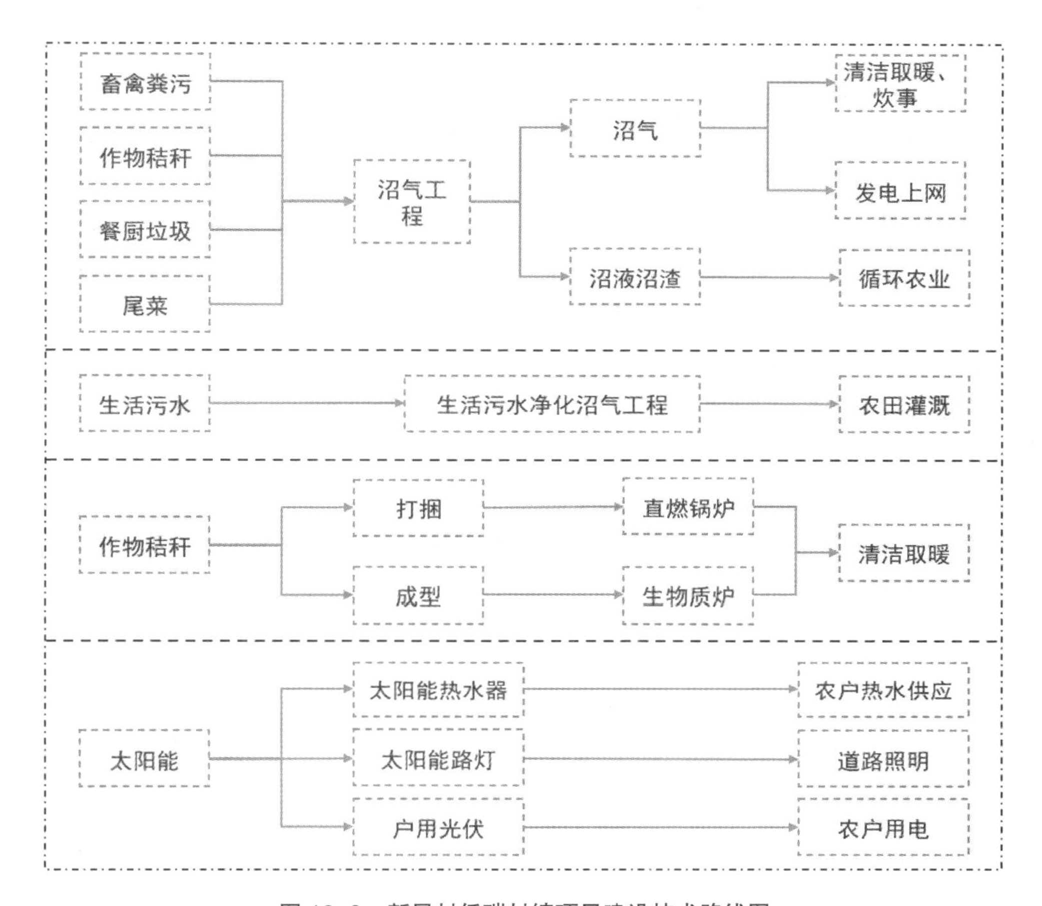

图 13-3　新星村低碳村镇项目建设技术路线图

2.建设内容及配套设施

(1)沼气工程项目。

①通过管网输送到村集体的白酒加工厂,完全替代薪柴使用;通过输配管网作为养殖场食堂的生活用能(高峰时就餐人数约 400 人);通过输配管网作为居民户用沼气(已覆盖 9 组 86 户农户);部分沼气通过撬装提纯成为生物天然气,采用罐装的方式出售作为居民生活用能。

②充分利用沼气站生产的有机肥,其中沼液经过腐熟过滤处理后通过滴灌系统在种植大棚等生产基地推广应用;固体有机肥施用于农业生产示范基地;生物质有机肥使用率达 80% 以上。

(2)太阳能综合利用项目。

①新安装 7.9 kW 的分布式户用太阳能光伏 50 户以上,分布式太阳能光伏发电总装机规模达到 395 kW 以上,实现全村全部使用可再生能源电力。

②新增安装太阳能热水器 368 户,太阳能热水器普及率达到 58%。

(3)生物质秸秆利用项目。

新建年产 1000 t 生物质成型燃料厂 1 处,推广生物质清洁炉具达到 86 套以上,实现新星村 9 组内传统生物质炉具全部替代。

(4)节能农房项目。

到2025年完成对新星村9组30户民宅进行住宅节能技术改造,达到项目区的35%。实现改造整治与配套维护有机结合,群众住房条件得到有力改善。

(5)垃圾分类及农村改厕项目。

到2025年,在新星村9组投放分类垃圾箱43组129个。实施农村改厕工程,改厕率达到100%,生活垃圾收集处理达到100%,农作物秸秆利用率达到95%以上。人居环境长效管护机制基本建立,实现饮水、用水、排水一体化安全绿色使用。

(6)智慧能源管理系统项目。

建立智慧能源管理系统1处,利用物联网、互联网、节能等技术,建立农村分布式多能互补的微网智能管理模式,推动农村能效提升、能源转型和零碳发展。

3.项目投资及资金构成

松滋市街河市镇新星村项目总投资约1095万元(重点工程投资估算详见表13-1),其中不包括前期大型沼气建设投资1200万元。

表13-1　重点工程投资估算表

序号	项目	投资额 / 万元
1	沼气集中供气项目	120
2	太阳能光热利用项目	210
3	生物质成型燃料厂	155
4	农村建筑节能改造项目	60
5	农村人居环境改善工程	200
6	生态产业和产业融合	200
7	能力提升与管理项目	150

(三)运行模式

1.模式特点

(1)低碳清洁能源开发。

项目所开发利用的太阳能、畜禽粪污以及农作物秸秆等均是清洁的可再生能源,实现了农林废弃物的循环利用与自然资源的开发利用,做到低碳减碳乃至零碳排放。

(2)新能源综合利用。

依托沼气站、有机肥加工厂、太阳能利用、生物质清洁炉具等新能源零碳技术综合开发打造低碳零碳村镇,相较于单一的能源开发利用模式,新星村坚持多种可再生能源综合利用开发,合理利用村庄的资源。

(3)高效运营管理。

项目各个环节都有专门的技术、经济、监管人员，以确保每个技术模式稳定高效运行。

2.原料收集

新星村内86户村民日排放污水共13 t，除10户的1.5 t污水利用户用沼气池简单处理排放外，剩余76户村民的每日11.5 t生活污水直接排放；村内农林生物质资源丰富，年可收集秸秆量约3500 t，以玉米、水稻秸秆为主；年可收集畜禽粪污15740 t；所在地区属于太阳能4类地区，光照时间较长，年照时间数2200～3000 h，年辐射总量120～140 $kcal/cm^2$。

3.项目生产规模

项目建成后，沼气工程年产天然气量15695 m^3，折合标准煤20.874 t；生物质成型燃料加工厂年产1000 t成型燃料，折合标准煤500 t；分布式光伏板年发电量16.24万千瓦时，折合标准煤19.97 t；太阳能热水器用户86户，折合标准煤23.22 t。

（四）工程效益

1.经济效益

通过光伏产业和生物质能产业，提高能源利用效率，促进废弃物资源循环利用，实现农村清洁能源零碳供给，新增电量16.24万千瓦时，光伏发电直接效益63万元，租赁农户屋顶50户，按500元计，使用期限20年，农户增收50万元；节约液化气、电能等间接经济效益约15万元，全年经济效益产值可达200万元，经济效益良好。

2.社会及生态效益

项目实施后，农户用上管道燃气，供气稳定、用气便捷；农户在冬季烤火取暖、洗浴等用能方面得到改善，洗浴取暖效果更好，更节能；全村户外照明6个小时的延长使农户享受更多的健康娱乐活动，生活质量明显提升。

同时，为农村沼气高质化利用提供新途径。一套撬装式沼气提纯压缩设备可供多个沼气工程和多个供气门站使用，不仅有效地解决了现有沼气提纯投资成本高、运行成本高、维护费用高等问题，而且比照城市天然气供给，让农村人过上城市生活，还解决了沼气工程剩余气体如何利用的一大难题。

为政府决策提供了重要依据。经过试点示范，积累了一手资料，总结形成了宝贵经验，为各地政府决策提供了重要依据。绿色发展获得农民认可。实施沼液水肥一体化应用技术，沼肥替代化肥，100亩果蔬基地年替代化肥16 t，年节约劳动工时近1000个，化肥减施和节约劳动力使绿色生产获得农民的认可和支持。

零碳村项目能够优化农村能源结构，能够实现可再生能源自给，碳减排效益显著。通过沼气、太阳能光伏、生物质成型燃料等，为农户提供炊事清洁燃料，全村能源消费总量为61.684 t标准煤，全部为可再生能源，可减少二氧化碳排放153.78 t，二氧化硫排放0.639 t，氮氧化物0.138 t，粉尘排放0.932 t，有利于减轻因田间焚烧秸秆或者畜禽粪污造成的环境问题。

新星村低碳村镇项目整体的运行物质流及效益如图13-4所示。

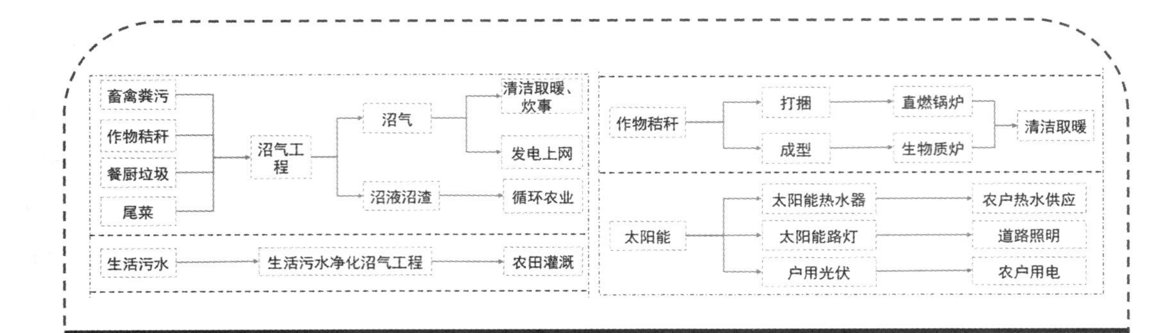

经济效益

- 太阳能综合利用项目收益113万元/年
- 沼气工程项目收益15万元/年
- 生物质秸秆利用项目收益10万元/年
- 项目整体全年经济效益达200万元

生态效益

- 减少CO_2排放153.78吨/年
- 减少SO_2排放0.639吨/年
- 减少氮氧化物排放0.138吨/年
- 减少粉尘排放0.932吨/年

图 13–4　新星村低碳村镇项目整体运行物质流及效益图

四、推广条件

（一）适宜区域

该项目适宜具有丰富的风光等自然资源的村域，以及具有规模化与集约化养殖条件的区域，能够推动低碳循环高效能源开发与利用，加快农村低碳转型、绿色发展和人居环境改善。

（二）配套要求

科学选址：村镇区域有着丰富的可再生能源，如太阳能风能资源、规模化种植业养殖业带来的农作物秸秆资源与畜禽粪污资源。

技术支持：建设低碳村镇必须要有相关的低碳发展建设技术，例如光伏设备安装技术、沼气工程建设技术、管网安装及维护技术等。

农户参与：低碳村镇建设，需要关注村镇居民的意愿，调查居民的参与程度、满意率。

评估核算：从发展规划情况、政策制度、管理体系、公众参与率、固碳减排效益等多方面来构建低碳村评估指标体系。完善的低碳评估指标体系能够分析低碳村镇建设成果效益，并且能够指导低碳村镇进一步的发展。

附录

附录 A

湖北省“三夏”秸秆收储利用概况及典型案例分析

摘要：推进农作物秸秆综合利用，是提升耕地质量、改善农业农村生态环境、加快农业绿色低碳发展的重要举措。为了提升湖北省农作物秸秆综合利用水平，完善秸秆综合利用政策保障体系，本研究在“三夏”期间调研了湖北省 14 个县市，通过实地考察及填写问卷两种方式对这 14 个县市进行秸秆还田与离田利用情况的调研分析，并借助相关的统计分析图进行量化分析以完成秸秆综合利用的综合评价。调研结果显示，14 个县市中仅有襄州区的大部分秸秆为离田利用，而其他县市秸秆还田作业面积占总收获面积的比例达 60% 及以上。在还田利用中以粉碎还田为主，受天气影响较大。针对不同还田方式所产生的成本差异，尽管粉碎还田比直接还田每亩约增加 10 元的经济成本，但直接还田不利于作物根系扎深，导致后茬作物易倒伏、产量低。对于离田作业，大部分地区以机械打捆为主，其打捆成本主要集中在 60～80 元 / 亩。经调研分析，运输半径越大，对应的运输成本越高，但其增长幅度并不成正比。通过曲线拟合，当运输半径在 0～10 km 范围内，运输成本呈指数增长；当处于 10～20 km 时，运输成本增长速度比较缓慢；而当运输半径超过 20 km 后，运输成本又开始呈指数增长；最后达到 40 km 时，趋于缓慢。最后，针对调研过程中存在的问题，从政府、市场、技术等方面提出了相关的建议，以期为提升湖北省秸秆综合利用水平提供参考。

关键词：秸秆综合利用；秸秆还田；秸秆离田；策略；湖北省

中图分类号：S216.4　　文献标志码：A

0　前言

农作物秸秆作为农业生产过程中的重要副产物，是中国现有农业资源中数量最大的可再生资源，同时也是推动农业可持续发展、保护环境的重要资源。据相关数据统计，2020 年全国秸秆资源总量 8.56×10^8 t，可收集资源量 7.22×10^8 t，秸秆综合利用率达到 87.6%，但仍有约 8.9×10^7 t 秸秆未被有效利用。如果这些剩余秸秆未被有效处理，不仅会造成资源浪费与环境污染，严重影响周围居民的生活质量与生态安全，在一定程度上还会阻碍我国农业农村现代化进程的高质量发展，影响美好乡村建设目标的实现。与此同时，作为全球较大的碳排放国之一，中国政府高度重视碳减排问题，并向全世界宣告力争 2030 年前实现“碳达峰”、2060 年前实现“碳中和”的目标，而秸秆资源的有效利用，是推进节能减排的一项重要手段，也是实现农业农村固碳减排的潜力所在。

作为中国中部地区的农业大省，湖北省由于其合适的地理环境——地处长江中下游，全省除高山地区外，大部分为亚热带季风性湿润气候，光能充足，雨水充沛，十分适宜农作物的生长，所以农作物资源丰富，农作物秸秆资源量也十分充足。但伴随着当代粮食综合生产能力的提升，农作物秸秆的利用问题也逐渐凸显。在 2015 年湖北省颁布法律开始全面禁烧秸秆之前，湖北省各县市并不重视对农作物秸秆的收集与利用，更多的是图方便省事而直接焚烧，焚烧后的秸秆灰烬漫天飞舞，"六月飞雪" 的场景屡见不鲜，这造成了严重的大气污染，对周围居民的生活造成了严重的影响。所以，充分利用好秸秆资源，发挥秸秆有效的能源价值是当前农业农村现代化发展进程中亟须解决的重大问题，同时也是达成农业固碳减排目标、改善农村卫生环境、实现农业可持续发展的必要途径。

随着秸秆的资源化利用越来越受重视，不少专家学者从不同角度对秸秆的综合利用展开了相关研究，国家也推行了一系列补贴政策以期提高秸秆的综合利用水平。在此背景下，本研究在对湖北省农作物秸秆资源量进行估算的基础上，通过问卷调查与实地考察的调研方法对湖北省秸秆综合利用途径现状（包括还田与离田利用）及现行政策进行了全面的了解，从实际调查结果出发，发现问题并提出相关建议，以期为湖北省秸秆综合利用工作更好地发展提供参考。

1　材料与方法

1.1　数据来源

湖北省各地区农作物产量数据来源于《2021 年湖北省统计年鉴》，数据截止时间为 2020 年底。主要统计的农作物包括稻谷、小麦、玉米、薯类、大豆、棉花、花生、油菜、芝麻、甘蔗等，除此之外，湖北省少部分地区还种植了苎麻、烤烟，由于产量过低，本文在计算秸秆产量时忽略不计。

1.2　秸秆资源量的估算

秸秆资源量主要基于农作物经济产量进行估算，一般采用草谷比法。所谓草谷比，是指农作物秸秆产量与农作物经济产量之间的比值，草谷比的取值一般通过实验获得。参考湖北省农业厅及其他相关研究成果，本研究中主要农作物的草谷比指标如表 1 所示。秸秆资源量估算相关公式为：

$$S=\sum_{j=1}^{k}C_j d_j$$

其中，S 为秸秆资源量，C_j 为某种农作物的产量，d_j 为某种农作物的草谷比。

表 1　不同农作物产量（万吨）及其草谷比

农作物	稻谷	小麦	玉米	大豆	薯类	油类作物	棉花	甘蔗
产量	1864.34	400.66	311.54	35.54	106.33	254.12	10.79	28.15
草谷比	0.62	1.37	2.00	1.50	0.50	2.00	3.00	0.10

1.3　区域调研

为了更科学地了解湖北省不同地区秸秆资源综合利用的现状，本研究基于湖北省整体秸秆资源量及秸秆综合利用现状，拟通过实地访谈以及填写问卷两种方式对湖北省 14 个县市（郧阳区、江陵县、松滋市、公安县、襄州区、老河口市、枣阳市、宜城市、钟祥市、京山市、沙洋县、随县、天门市、潜江市）的小麦秸秆综合利用情况进行全面调查和深入了解，并对其中的襄阳市襄州区、随州市随县和天门市三个地区的10个对象进行了实地走访调研，具体情况如表2所示。

表2 调研走访对象

调研对象	走访地区
农户	襄州区三口农户
	随县五口农户
种植 / 养殖大户	襄州区农鑫源农作物种植基地
	湖北菇缘生物科技有限公司
	随县肉牛养殖场
	湖北灏宇
合作社	襄州区利国民秸秆再利用专业合作社
	随州市众联粮食生产专业合作社
	天运健种养殖专业合作社
	天门市恒惠农产品种植专业合作社

2 结果与分析

2.1 湖北省秸秆资源现状

基于《2021年湖北省统计年鉴》的统计数据，结合秸秆资源量计算公式得出湖北省2020年不同地区各类秸秆资源量分布占比如图1所示。经估算，2020年湖北省农作物秸秆资源量共有4440.80万吨，主要由稻谷、小麦、玉米、油菜籽等组成，其中稻谷秸秆资源量占比最大，达2386.35万吨，占秸秆总量的53.74%，其次为玉米秸秆和小麦秸秆，产量为638.6万吨、552.92万吨，分别占总量的14.38%、12.45%。作为种植面积位居全国第一的油料作物，油菜籽秸秆资源量也位居前列，达494.17万吨，占11.13%。其余农作物种植都未形成较大规模，所以秸秆资源量占比很小，其余作物秸秆总量仅占8.3%。

由于湖北省不同地区的地形地貌和气候条件不同，所以不同地区之间，比如山区和平原的作物种类及作物产量有较大差异。从地区秸秆资源分布情况来看，湖北省秸秆资源大都分布于中部及东部地区，其中襄阳市的秸秆资源量最高(752.62万吨)，占湖北省秸秆资源总量的16.93%，其次是荆州市(705.88万吨)和荆门市(463.43万吨)，分别占比15.88%、10.43%，而资源量最少的则为鄂州市和神农架林区，二者仅占比0.89%、0.06%。综合来看，湖北省农作物秸秆资源产量十分丰富，以稻谷、玉米及小麦秸秆为主，主要分布在襄阳、荆州、荆门、黄冈等鄂中东部地区。

为了更全面地了解湖北省不同地区不同产量层次的秸秆收储运用情况，本文选取秸秆产量最高、中等、较低的地区进行实地调研，通过实地考察和问卷调查的方式，对这些地区的秸秆综合利用情况进行深入了解，针对不同秸秆利用模式所存在的问题提出相关建议。

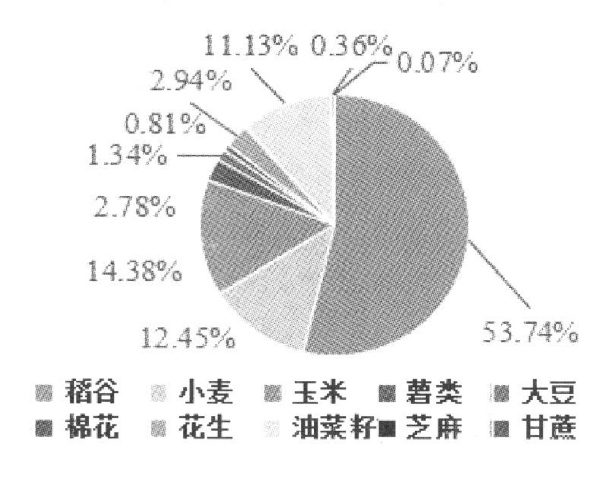

图1　各类秸秆资源量分布占比

2.2　秸秆还田与离田利用情况

2.2.1　小麦收获面积及收割成本

小麦作为湖北省三夏时节主要的农作物，收获时间主要集中在5月和6月，个别地区如潜江市由于品种和地形条件等因素的影响，其收获期提前至4月。根据问卷调查的结果，14个县市的小麦秸秆总收获面积可达955.62万亩（其中襄州区的收获面积最高，为156万亩），由于农业机械化的普及与便利，大部分地区都实现了机械收集，机收面积可达848.29万亩，占收获总量的88.77%，仅有小部分地区因小麦田的地理位置或经济水平受限而只能采用人工收割的方式进行收割，其余地区小麦的收获面积与机收面积基本保持一致。通过实地访谈，襄州区佳富天宇农机专业合作社反映进口农机作业要求高、作业条件苛刻，国产机械根据自身需求改进后，作业条件更广。一般种植大户大多自购有收割机但数量不多（2～3台），在小麦收获季节主要通过租赁机械、聘请收割团队进行收割作业。对于各县市小麦收割的作业成本（不含秸秆粉碎），大都集中在40～60元/亩，个别地区稍高，比如潜江市和郧阳区每亩收割作业成本可达100元/亩。而根据调研结果，大小地块收割成本差异较大，大田土地平整且较为集中，机械作业效率高，作业成本较低，而小田地块分散，作业难度大，作业效率低，机械收割成本较高。

14个县市小麦规模化种植可实现平均亩产量356 kg，最高可达600 kg（如襄州区、郧阳区），其中实地访谈的地区（襄州区、天门市和随县）小麦产量较往年提高了30%左右。根据调研结果，以旱地为主的地区（如襄州区）小麦产量明显高于以水田为主的地区（如随县、天门市），比如襄州区和随县的亩产差别达200～250 kg。这主要是因为小麦对水的需求相对较少，比较适合种植在土层深厚且结构良好的土壤中，而旱地的土壤表面不蓄水，土层比较深，适宜小麦的生长，但水田的土壤湿度较高，播种机械无法进入，人工播种容易导致出苗率低、出苗不均匀等情况，所以小麦适合种植在旱地。

14个县市小麦收获信息表如表3所示。

表 3 14 个县市小麦收获信息表

地区	收获面积（万亩）	机收面积（万亩）	收获时间	平均亩产（千克 / 亩）	留茬高度(cm)	作业成本（元 / 亩，不含粉碎）
天门市	87.8	87.8	5.10 — 5.20	400	10 ~ 15	60
襄州区	156.0	156.0	5.23 — 6.02	450	5 ~ 15	50
江陵县	53.5	53.5	5.15 — 5.30	209	12 ~ 15	40 ~ 53
公安县	60.1	59.6	5.25 — 6.15	350	5 ~ 10	50
潜江市	42.0	42.0	4.01 — 5.31	199	10	100
沙洋县	39.0	39.0	5.20 — 6.02	448	10	60
宜城市	69.0	69.0	5.18 — 5.25	350	15	70
随县	51.6	51.6	5.15 — 6.05	251	10 ~ 20	55
老河口市	53.0	52.9	5.25 — 6.5	380	15	60
钟祥市	85.3	85.3	5.18 — 5.28	350	15	50
郧阳区	32.0	25.6	5.12 — 5.27	600	12	100
松滋市	35.9	35.9	5.15 — 5.25	238	20	45 ~ 50
京山市	43.4	43.2	5.18 — 5.31	212	12 ~ 20	75
枣阳市	147.0	135.0	5.20 — 6.10	550	10	35 ~ 50

2.2.2 秸秆还田利用情况

湖北省 14 个县市的小麦秸秆还田作业面积达 692.81 万亩，占总收获面积的 72.5%，各县市的还田作业面积分布及占总收获面积的比例如图 2 所示。其中江陵县与公安县的小麦秸秆基本都为还田作业，所以其还田作业面积占比最高，二者近乎 100%。而尽管枣阳市的秸秆还田作业面积最高，但其还田作业面积仅占总收获面积的 59.9%。襄州区的秸秆还田作业面积占比最低，仅为 40.4%。

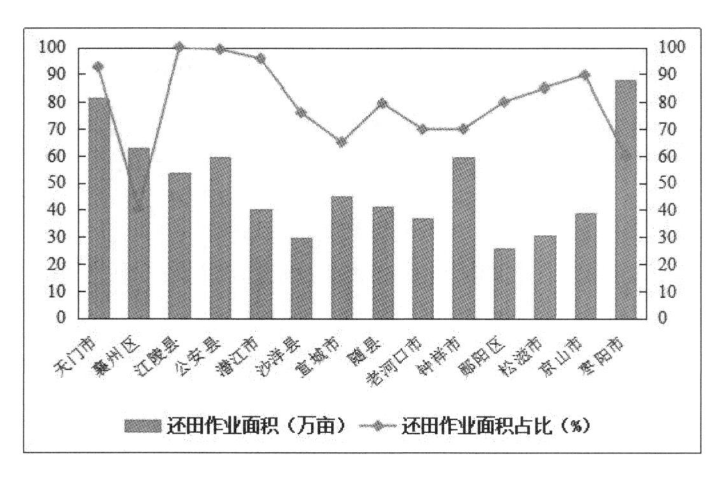

图 2 小麦秸秆还田作业面积及其占总收获面积的比例

(1)不同秸秆还田方式及其影响因素。

对于不同的秸秆还田方式，从实际调研结果来看，各县市的小麦秸秆主要还田方式为在收割机上加装粉碎抛撒还田装置进行粉碎抛撒还田，仅有少部分地区的秸秆不粉碎直接还田，如京山市。通常情况下，在地形条件和经济条件允许的基础上大都会选择在收割机上加装粉碎抛撒还田装置进行直接还田作业，除了部分地区受后茬作物生长特性及其播种方式的限制，还有其他不同的还田方式，但其他方式占比基本不高，比如秸秆直接还田不粉碎等。而对于秸秆粉碎还田，大多数情况还是受天气影响，如果小麦收割后预报有雨，则会选择直接将秸秆粉碎，再使用旋耕机旋耕还田。例如襄州区的农鑫源农作物种植基地，其80%的秸秆进行离田作业，剩余的20%因雨天影响便进行粉碎还田作业。

(2)不同秸秆还田粉碎长度及还田后的耕作方式。

对于不同地区秸秆粉碎还田的粉碎长度，14个县市的秸秆粉碎长度最短为1 cm(公安县)，最长可达25 cm(襄州区)，但其大都控制在15 cm以内，各县总的平均值为8.8 cm，如图3所示。粉碎的长度与粉碎机的型号有很大关系，不同的秸秆粉碎机其粉碎长度也不一样。据了解，粉碎机的主要机型有：久保田、沃德、雷沃、星光、艾禾、柳林、常发、洋马、谷王、河北圣、河南农神、豪丰、中联谷王等。秸秆粉碎还田后，一般有旋耕和深耕两种耕作方式，其中旋耕指的就是使用旋耕机具松碎耕层土壤及秸秆，但对深层土壤无作用的耕作方法，其旋耕一般深度为15～20 cm。而深耕是指利用托拉机具带动犁具将深层土壤翻到地表的过程，从而达到疏松土壤、保持土壤活力以及减少对下茬作物的影响等目的，深耕一般深度为30～40 cm。从调研结果来看，秸秆还田深度最低的为宜城市，仅为5 cm，最高的郧阳区可达30 cm，各县总的平均值为16.1 cm，如图3所示。根据调研地区反馈的结果，基本上3～4年要深翻一次，这是因为若只是在浅层进行旋耕，深层土壤易板结，从而导致作物根系向四周蔓延而无法到达深层，扎深不够作物就易倒伏，所以除了旋耕外，每隔一定的时间就要深耕一次。但个别地区如随县因地区土壤性状差异和耕作习惯不同，基本上每年都要深耕一次。而为了激发农户深耕积极性，保持土壤活力，提高作物产量，政府出台了相应的深耕补贴政策，补贴给雇佣的耕作人员每亩10元，所以相应的种植户每亩土地便可少支付10元的费用。

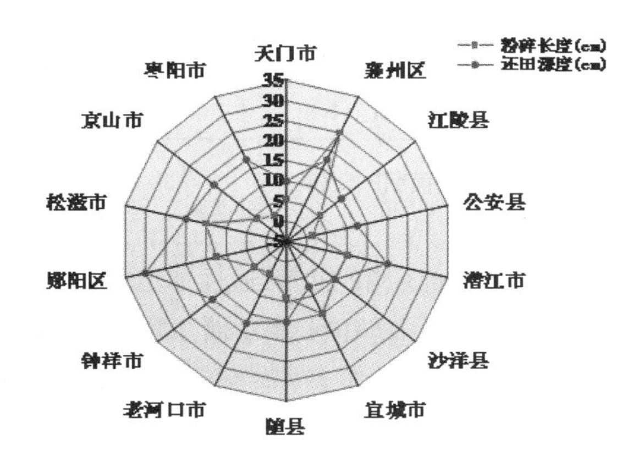

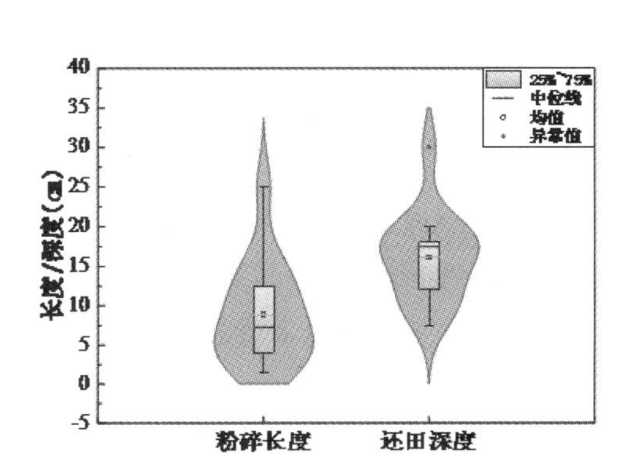

图3　不同地区小麦秸秆粉碎长度、还田深度分布图（左）及其数据范围分布图（右）

(3)不同秸秆还田方式所产生的成本差异。

针对不同秸秆还田方式所产生的还田成本,其成本之间的差异主要在于粉碎机具的购买或租赁成本,粉碎还田需要粉碎装置,而直接还田作业则无须粉碎装置,所以粉碎还田的成本相对于直接还田的成本要高,比如襄州区秸秆粉碎还田相比于直接还田而言每亩要增加10元的成本,从节约成本来考虑,农户更应该倾向于直接还田,但根据调研结果,农户还是会在收割机后加装一个粉碎机,这是出于对下一茬农作物产量的考虑,若秸秆直接还田而不粉碎,翻耕后埋在土壤中空隙大,不利于根系扎深,从而导致作物易倒伏、产量低。从各县市的调研数据综合来看,还田作业成本在3～50元/亩之间,其中最低为江陵县的3元/亩,而最高的则为京山市,达50元/亩,大部分地区的还田作业成本都集中在10～30元/亩之间。而部分地区还田作业成本高可能与粉碎抛撒后用旋耕机进行二次深翻、增加了油耗有关,特别是在阴天或夜间作业时,因小麦秸秆比较潮湿,粉碎效果差、消耗动力大,在一定程度上影响了收割速度,增加了还田作业成本。

2.2.3　秸秆离田利用情况

14个县市小麦秸秆离田作业总面积为260.45万亩,仅占总小麦收获面积的27.25%。其中襄州区的小麦秸秆离田作业面积最大,为93万亩,其离田作业面积占总收获面积的比例也是最高的,约为59.6%,而江陵县与公安县的离田作业面积占比最小,近乎0%,不同县市的秸秆离田作业面积及其占比如图4所示。

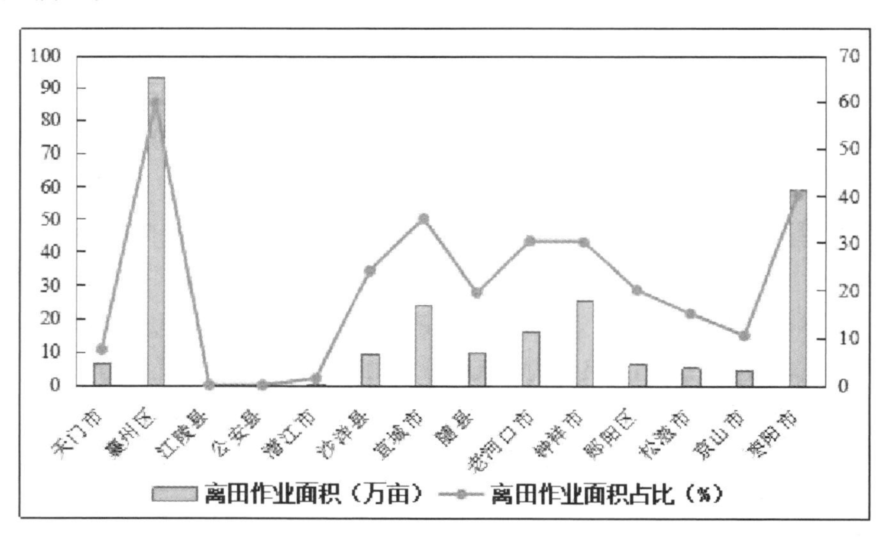

图4　小麦秸秆离田作业面积及其占总收获面积的比例

(1)不同地区秸秆的打捆方式及打捆机型。

小麦收割后,散落在田间的秸秆通过不同的打捆方式打包成不同的捆型,通过专业的秸秆收储机构集中收集后直接运往各个秸秆处理厂,或者先运往各个秸秆收储中心集中储存后再运往各个秸秆处理企业。不同地区不同大小地块,其秸秆离田打捆方式不同。根据调研结果,小麦秸秆离田打捆方式主要有机械打大圆包、机械打大方包、机械打小方包及其他(如人工捡拾)。其中部分地区如沙洋县、老河口市、京山市等以机械打大圆包为主,极少部分地区依旧存在人工捡拾的打捆方式,如郧阳区。各地区秸秆的打捆方式及不同打捆方式的占比情况、相应的打捆机型如表4所示。

表 4 各地区秸秆的打捆方式及占比情况、打捆机型

地区（比例）	打捆方式	打捆机型
天门市（20%）、襄州区（20%）、潜江市（50%）、沙洋县（80%）、宜城市（40%）、随县（20%）、老河口市（80%）、钟祥市（65%）、松滋市（10%）、京山市（80%）、枣阳市（20%）	机械打大圆包	花溪玉田（小方）、上海斯达尔（小方）、德牧（大圆）、马斯奇奥圆草捆打捆机、中联重机履带自走式方草捆打捆机、道依茨 2104 迈克海尔圆捆机、凯斯 3104 爱科麦赛福格森打捆机、沃德、豪丰、雷沃、亚奥、星光、蓝溪
襄州区（60%）、钟祥市（12%）、郧阳区（65%）、枣阳市（25%）	机械打大方包	
天门市（80%）、襄州区（15%）、潜江市（50%）、沙洋县（20%）、宜城市（60%）、随县（80%）、老河口市（20%）、钟祥市（10%）、郧阳区（31%）、松滋市（90%）、京山市（20%）、枣阳市（50%）	机械打小方包	
襄州区（5%）、钟祥市（5%）、郧阳区（4%）	人工捡拾	

(2) 不同地区秸秆打捆成本及收储能力。

根据小麦种植地势和收集方式的不同，小麦秸秆打捆的成本每亩在 20～120 元不等，大部分地区主要集中在 60～80 元 / 亩，个别地区如随县、天门市、老河口市等地区因地区差异及收储模式的不同而导致打捆成本较高，各地区具体的打捆成本如图 5 所示。打捆完成后需及时运输，送往各个秸秆收储点。14 个县市收储点总数量达 280 个，拥有收储点数量最多的是襄州区(68 个)，枣阳市次之(47 个)，尽管襄州区数量最多，但其收储能力并非最高，县收储能力最高的为枣阳市——120 万吨，竟有襄州区的 4 倍之多，如图 6 所示。除了不存在离田作业情况的公安县与江陵县，宜城市与潜江市的收储点数量最少，分别都仅有 3 个收储点，其中潜江市的收储能力也是最低的，仅为 1 万吨，而宜城市的收储点数量尽管最少，但其收储能力却排在第四位，这表明收储点数量越多，并不代表该地区的县收储能力就越高，收储能力可能受其他因素的影响，比如秸秆资源量、当地的经济水平、社会劳动力水平等。

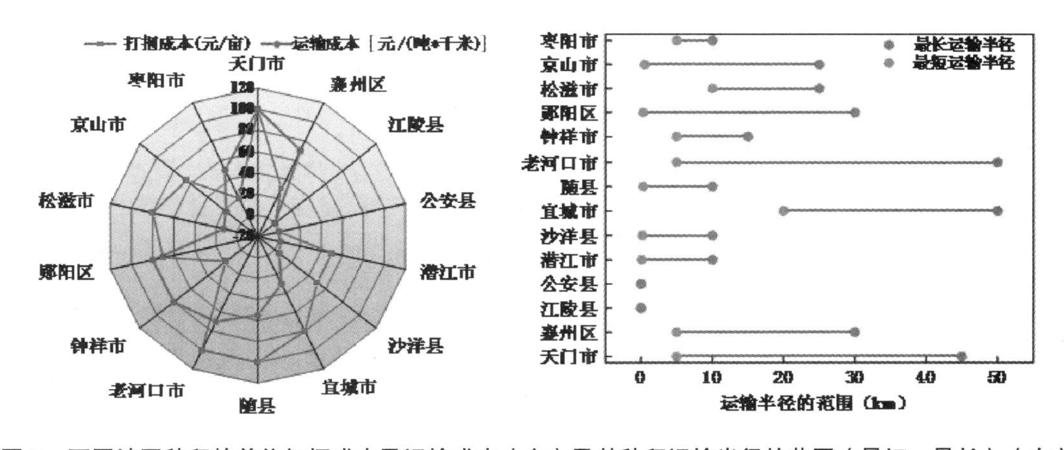

图 5 不同地区秸秆的单位打捆成本及运输成本（左）及其秸秆运输半径的范围（最短～最长）（右）

(3) 不同地区秸秆运输成本及运输半径。

调研数据结果显示，各地区秸秆运输半径最近的仅 0.1 km(潜江市)，而最远的可达 50 km(宜城

市、老河口市)。由于不同地区交通道路分布与收储点分布位置不同,所以每个地区秸秆运输半径的范围也就不一样,其中老河口市的运输半径范围最广,范围跨度竟达 45 km,其余一半地区跨度在 10 km 左右浮动,剩余地区在 30 km 左右浮动(见图 5)。同时由于秸秆收储点的远近、路况、车辆运输的不同,各县市小麦秸秆运输成本每吨 5～100 元不等,收集半径较远的地区运输成本相对较高,运输半径相对较小的地区运输成本相对较低。一般情况下,运输半径越大,其运输成本就越高,但运输成本与运输半径并非绝对的相互成正比的关系,如图 7 所示。通过曲线拟合,呈现“双 S”形曲线。当运输半径在 0～10 km 范围内,运输成本呈指数增长;当处于 10～20 km 时,运输成本增长速度比较缓慢;而当运输半径超过 20 km 后,运输成本又开始呈指数增长;最后达到 40 km 时,趋于缓慢。当然这并非绝对的增长关系,其他因素比如交通工具的装载能力、运输通道流量等对运输成本也会产生一定的影响。

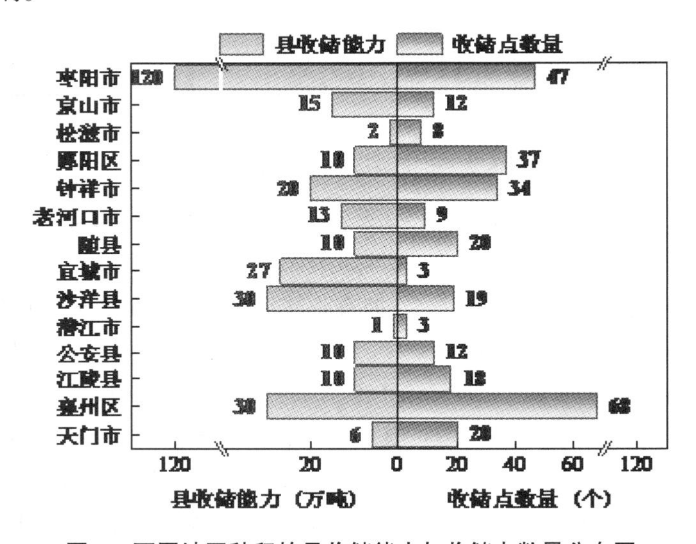

图 6　不同地区秸秆的县收储能力与收储点数量分布图

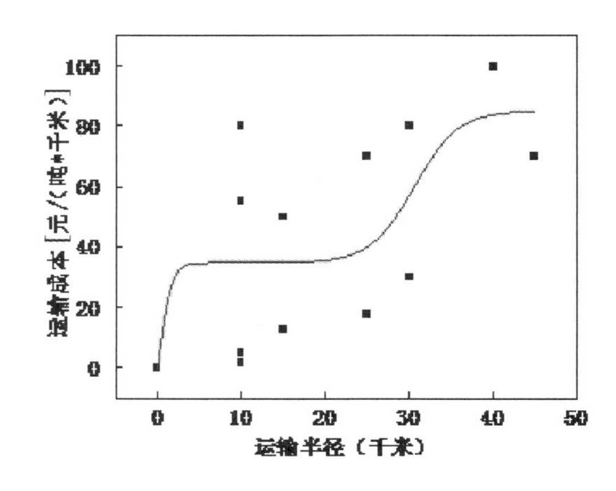

图 7　秸秆运输半径与运输成本之间的拟合关系图

(4)秸秆综合利用的主要途径及收益。

秸秆综合利用主要有五种途径,即秸秆的“五化”利用,分别为:饲料化、燃料化、基料化、肥料化和原料化。其中大部分地区的秸秆离田后被用作畜禽养殖的饲料，除了基本无秸秆离田作业情况的江陵县和公安县两个地区之外，14个县市中约有80%县市的秸秆离田后以饲料化利用为主。根据实地调研结果，各县市的小麦秸秆离田利用方式以饲料化、燃料化为主，其中饲料化的占比最大，这主要是因为秸秆饲料的售价高，成本花费相对较少，经济利润比较可观。但用作畜禽饲料的秸秆必须保证一定的质量，而燃料化的秸秆质量要求并不高，所以出售给发电厂或者锅炉厂的大多是腐烂、发霉的秸秆，相应的售价也较低。除了饲料化和燃料化，部分地区还有秸秆基料化，比如天门市的湖北灏宇秸秆利用专业合作社，除了将秸秆收集总量的50%出售给养牛场、25%出售给锅炉厂之外，剩余的25%则会出售给用于半夏（药材）和西瓜种植的农户。

对于秸秆离田利用后的收益，不同地区各有不同，各地区比如本次实地调研的三个地区（襄州区、随县以及天门市）秸秆饲料化售价为400～700元，其中天门市的售价较高，为650～700元/吨，而襄州区的售价则比较低，为400～480元/吨。而燃料化售价的高低则取决于是否需要加工成颗粒燃料，无须加工的腐烂发霉秸秆售价比较低（有些地区腐烂发霉的秸秆因急需处理就直接就地掩埋），襄州区和天门市的秸秆燃料化售价仅为260～320元/吨（随县的燃料化占比为0），其中生物质颗粒燃料的价格则相对较高，售价为800～950元/吨，但其加工成本相对于饲料化而言也会高一些，据湖北灏宇秸秆利用专业合作社相关人员的介绍，饲料化的价格与颗粒燃料的利润相当，可达300～350元/吨。

2.3 典型案例分析

2.3.1 基本情况

本研究选取实地调研地区——襄州区作为研究对象。襄州区地处湖北省西北部、汉江中游，襄州区利国民秸秆再利用专业合作社作为当地秸秆综合利用的主力，主要业务包括组织各类农作物秸秆回收、初加工、综合再利用并为当地农户提供农作物种植销售以及农机服务。通过对该合作社进行访谈调研可知，该合作社年收获面积达15万亩，目前建有基地20余个（露天堆放，盖篷布、盖薄膜）用于存储秸秆，小场地收储量达500 t，大场地收储量最大可达4000 t，存储场地租金一亩1000元。

2.3.2 特色模式

襄州区利国民秸秆再利用专业合作社具有当地特色的经营模式——以多种入股形式（机械入股、土地入股、资金入股等）入社合作经营。不同于其他秸秆专业合作社的经营模式，除了资金入股（初次入社需缴纳2000元底金），该合作社使当地农民充分利用自身现有资源，如土地、机械设备等，实现多项资源整合利用的同时，也为当地农民带来了可观的经济效益。对于收益分配，合作社每年的利润根据相应的入股比例及作业量进行合理分割，纯收入资金若达到1万元以上，则需向合作社缴纳5%的合作经费，若低于1万元，则无须缴纳。该种合作经营的模式区别于单一的秸秆经营模式，农户与收集人员之间的关系更紧密，且随着机耕、机种、机收、无人机打农药等一系列服务的产生，农户离不开合作社，二者之间的业务往来就更加频繁，经济效益更显著。

2.3.3 经济效益

合作社将秸秆从农民手中收上来需按大户30～35元/亩、小户60元/亩支付收割费用，一亩地能收 300～400 kg 的秸秆。秸秆离田大圆包 200 千克 / 包，打包快但堆放密度低；大方包 350 kg/ 包，打包较慢但堆放密度大、码车快。打包费用 30 元 / 包，装车、转运(6 km 以内)、码垛总费用大圆包 16 元 / 包，大方包 14 元 / 包，超过 6 km 就按 1 km 加 1 块钱。总的来说，平均每吨秸秆收储运基本成本为 280 元左右，合上人工等其他零散的费用平均为 320～350 元 / 吨。

根据不同秸秆品质与供应商需求，饲料化秸秆卖给养殖场 400～480 元 / 吨，合作社负责装车，小于 10 km 免费运输；远距离的由养殖场派车来运输，合作社自己安排运输的成本在 80～100 元 / 吨。原料化秸秆卖到造纸厂 600 元 / 吨，合作社负责装车运输；饲料化、原料化之后的废料用于燃料化，运往火力发电站，每吨可售卖 300 元。综合来看，该合作社秸秆饲料化、原料化及燃料化利用的平均利润可达 100 元 / 吨。

2.3.4 风险分析

由于该合作社在作物收获时期大都会租赁其他专业团队开展秸秆收储运活动，而各专业团队大都不在当地，分布于全国各地，待专业团队从全国各地赶来以后，收割机、打包机、转运队、夹车、码垛机等机械设备落地都需支付落地费，价格从 1 万元到 5 万元不等，需先支付落地费才开始干活。如果因为天气的原因，下雨时秸秆无法按期及时收割完成，其团队往返的运费都将由合作社进行赔付，赔付的风险较大，成本花费较高。

3 问题及建议

3.1 秸秆综合利用中存在的问题

3.1.1 农民积极性不高、缺乏政府统一管理

由于当前农民普遍受教育程度不高，对秸秆综合利用的重要性尚未有系统的认知，一些地方和群众对秸秆的潜在价值认识不足，秸秆用之为宝、弃之为害的理念还没有深入人心，比如在实地调研过程中，发现仍旧有些地区的农民心存侥幸心理，在夜间无人值守时偷偷焚烧秸秆。对于相关政府部门，近几年政府部门颁发的相关政策比较偏向于秸秆禁烧方面，投入了大量的执法成本，花费了大力气抓秸秆焚烧现象，主要精力放在“堵”上，而综合利用“疏”的渠道不配套，造成了跛脚现象。同时由于缺乏统一的协调管理，地方政府并未设专门的秸秆收储部门，缺乏政府的宏观调控，就易出现各项收储主体较为分散等情况。

3.1.2 市场化机制不够完善、收集利用率较低

当前秸秆产业化发展进程比较缓慢，投资回报率低，利润增长空间较小，导致其无法吸引外来投资者，所以其产业竞争力较弱，商品化水平还比较低，市场化机制还不够完善，除了相关政策的覆盖面不够宽之外，还与其本身的季节性强等特点息息相关。秸秆采收季节信息交互不够及时，相应的秸秆可收集利用量就会降低。湖北省农作物秸秆收获时间集中于 5—11 月份，农忙时节，秸秆的收集、打捆、储存与运输需在短时间内完成，花费的人力、财力资源成本较高，而其他农闲时间的秸秆资源不足，导致秸秆回收利用企业需购买高昂的原料维持企业的基本运营。

3.1.3 秸秆综合利用的关键技术薄弱、物流瓶颈尚未突破

技术创新是秸秆综合利用产业化的关键一环，秸秆综合利用支撑技术薄弱是制约秸秆综合利

用规模化、产业化发展的瓶颈。就目前秸秆综合利用技术情况来看，一方面，由于秸秆分散、体积大、密度较低，我国秸秆收储运体系尚处于自发形成的起步阶段。在秸秆收储过程中新技术应用规模较小，适宜农户分散经营的小型化、实用化技术缺乏，技术集成组合不够，比如有些山区小农户的秸秆由于缺乏统一的收集管理导致无法集中收储利用，造成了一定的资源浪费与环境污染；另一方面，秸秆收储运技术装备整体水平比较低，缺乏适应小地块、便于操作的还田、打捆一体化的秸秆回收机械机具，同时运输过程车辆的空载率较高，欠缺统一的运输调度安排，物流效率比较低，所以导致秸秆在收储运过程中所产生的成本居高不下。

3.2 建议

3.2.1 加强宣传引导与强化高位谋划、顶层设计和规划引领

开展形式多样的秸秆综合利用和禁烧宣传教育活动，充分发挥新闻媒体的舆论引导和监督作用，提高公众对秸秆综合利用和禁烧的认识水平与参与意识。地方政府要加强组织领导，进一步强化各级政府在秸秆综合利用工作中的责任主体作用，可成立专门的秸秆收储部门，与粮食部门类似，由各省的能源办统一协调管理，各地区地方政府建立不同级别的分管部门，不同分管部门的职能各不相同，这些部门应分工明确、各司其职，并有条不紊、团结一致地开展各项工作，统筹研究解决推进秸秆综合利用工作中的重大问题。同时针对不同地区的秸秆综合利用情况，当地政府应结合当地的农作物布局和秸秆生产实际，编制农作物秸秆综合利用中长期规划，为相应技术和模式的全方位推广打好坚实的基础。

3.2.2 搭建智慧农业信息化服务平台

加大秸秆收储运体系建设，政府应鼓励社会资本以市场运作的形式，参与秸秆的收储，增加收储中心建设，并在规划、用地、财政补贴、金融支持等方面创造条件，拓宽秸秆的收储半径、加工半径、利用半径，形成“离地出田、进站进园”“划片收储、集中转运、规模利用”的秸秆收贮利用体系。以政府相关部门为主导，依托示范基地建立智慧农业信息化管理平台，为各地区间的技术经验交流搭建统一的信息服务平台，实现资源共享的同时还保证了市场信息的时效性。

3.2.3 加快科技创新、强化技术服务支撑

一是因地制宜，根据当地实际情况引进适合地区打捆一体化的秸秆回收机械，推进秸秆综合利用装备的产业化发展和应用。二是加强技能培训和技术推广。农业、科技、农机等部门要制订规划，组织开展多种形式的农机作业和秸秆收储运规范培训，推广秸秆综合利用实用成熟技术，提高农民秸秆综合利用技术能力。三是抓好示范带动。要在抓好一批示范镇、乡、村，示范企业，示范大户上下功夫，发挥示范引领作用，用示范带动群众，用效益吸引群众，不断提高农民、新型经营主体以及其他市场主体的积极性。

4 结论

(1)2020年湖北省农作物秸秆理论资源量共有4440.80万吨。主要由稻谷、小麦、玉米、油菜籽等组成，其中稻谷秸秆资源量占比最大，约占秸秆总量的53.74%，其次为玉米秸秆和小麦秸秆，分别占总量的14.38%、12.45%。小麦作为“三夏”时节主要收获的农作物，如何提高其秸秆资源的综合

利用水平是当前农业生产发展亟须解决的问题。

(2)依据实地调研情况来看,湖北省 14 个县市大部分地区的农作物秸秆还是以还田利用方式为主,除部分地区如襄州区之外,其他地区的秸秆还田作业面积占总收获面积的比例均达 60% 及以上。对于秸秆还田作业,以粉碎抛撒还田为主,受天气影响较大。针对不同还田方式所产生的成本差异,尽管粉碎还田比直接还田每亩约增加 10 元的经济成本,但直接还田不利于作物根系扎深,导致后茬作物易倒伏、产量低。对于秸秆离田作业,大部分地区以机械打捆为主,其打捆成本主要集中在 60~80 元 / 亩。打捆完成后集中运往秸秆收储中心或秸秆利用企业。通过调研分析,运输半径越大对应的运输成本越高,但其增长幅度并不成正比,通过曲线拟合,当运输半径在 0~10 km 范围内,运输成本呈指数增长;当处于 10~20 km 时,运输成本增长速度比较缓慢;而当运输半径超过 20 km 后,运输成本又开始呈指数增长;最后达到 40 km 时,趋于缓慢。

(3)针对湖北省“三夏”秸秆收储与利用实际调研过程中发现的问题,建议加强政府宣传引导,强化高位谋划和规划引领,搭建智慧农业信息化管理平台以实现资源共享,保障市场信息的时效性,加快科技创新和技术人才培养以强化技术服务支撑,提升秸秆综合利用水平。

原载出处:

湖北省“三夏”秸秆收储利用概况及典型案例分析[J]. 中国沼气,2023,41(05):73-80. DOI:10.20022/j.cnki.1000-1166.2023050073.

附录 B

湖北省农业废弃物沼气化潜力评价与分析

摘要:沼气作为一种清洁和生态可持续的能源,不仅能减少农业废弃物污染,还能减缓农村能源短缺等问题。现如今,包括中国在内的许多国家都加大了对沼气的开发和利用。为了提升农业废弃物沼气利用水平,本研究在对湖北省农业废弃物沼气潜力进行估算的基础上,分析了沼气替代煤炭所带来的环境效益和经济效益,同时与实际沼气产量进行对比,量化了理论农业废弃物沼气潜力与实际沼气产量之间的差距,并通过分析产生差距的原因以提供建设性的意见。结果表明,湖北省农业废弃物资源沼气潜力高达 4.67×10^9 m^3,这些沼气潜力能带来 2.33×10^6 t 的 CO_2 减排效果。根据清洁发展机制(CDM)的相关数据,这些碳排放还能带来 2.33×10^7 美元的经济收益。此外,研究结果还表明实际沼气产量与理论沼气潜力之间差异显著,平均产气差异率为 96.83%。不仅如此,不同地区之间沼气潜力的差异也很明显,单位面积沼气生产密度最低的地区仅占最高地区的 0.5%。综合以上结果,本研究提出了相应的建议,以期为湖北省农业废弃物沼气项目的发展提供一定的参考。

关键词:生物质能源;沼气生产;农作物与畜禽粪污;差异率;效益分析

1 引言

农作物秸秆和畜禽粪便是农业废弃物的主要来源,也是沼气发酵的主要原料(Lönnqvist, et al, 2015)。随着作物产量的快速增长和畜牧业的发展,农业废弃物也在不断增加(Guan, et al, 2017)。如果这些废弃物得不到妥善处理,就会造成外部环境问题和资源浪费,这些废弃物被认为是中国最大的污染源(陈羚,等,2010)。因此,将农业废弃物进行有效处理是十分迫切的,而厌氧发酵产沼气是一种非常有效的农业废弃物处理方法,且现已被广泛应用(Niu, et al, 2016)。比如 Zareei(2018)利用农村垃圾和牲畜数量、土地利用地图和地理信息系统(GIS),探索建立了伊朗畜禽粪便和农村生活垃圾沼气生产的评估模型,该模型可用于沼气工程的选址。Yan 等(2021)估算了 2008 年至 2017 年中国各地区农业废弃物的沼气潜力,并分析了其时空分布特征,并提出了一种评估农业废弃物沼气开发潜力的方法。然而,当前国内的研究主要集中在沼气潜力的时间或空间序列分析上。对潜力分析带来的减排和经济效益的扩展很少,也缺乏根据实际相关数据的对比分析提出建议。

湖北省农业发达,且能源需求量较大,加之目前能源紧缺,尤其是农村地区,因此比较适合发展沼气产业(王宇波和王雅鹏,2007)。据统计,湖北省每年产生的农业废弃物约占全国废弃物总量的 9.5%,为沼气的开发利用创造了基础条件。然而现实情况不尽如人意,湖北省每年都会依赖大量的一次能源比如煤炭、石油和天然气等，随着一次能源消耗的增加，二氧化碳(CO_2)排放量也在快速上升(Sahota, et al,2018)。虽然部分农业废弃物被用作能源资源，但总利用率低，处理方法不当，整体规划和布局有限。在推进美丽乡村和低碳乡村建设的背景下，有效地处理这些农业废弃物迫在眉睫。

因此，本文拟通过采用合理的计算方法对湖北省各地区的农业废弃物资源沼气潜力进行估算，并结合地理信息系统(GIS)分析农业废弃物沼气潜力的空间分布。基于农作物秸秆和畜禽粪便的沼气潜力，用实际具体的数据直观说明理论沼气潜力与实际沼气产量之间的差距。此外，还对沼气生产的现状以及可用沼气潜力的环境和经济效益进行研究和评估。最后，在调查分析结果及与其他国家比较的基础上，从完善相关政策和因地制宜发展沼气项目两个方面提出了相关建议。

2 研究方法

为了进行更直观的分析，本研究根据地理位置和地形将湖北省 17 个城市划分为四个主要地形分区：沿江东部平原(武汉、黄石、黄冈、鄂州、咸宁和孝感)、江汉平原(荆州、荆门、天门、仙桃和潜江)、西北山区(十堰、襄阳、随州和神农架)和西南山区(宜昌、恩施)。文中的图表由 OriginPro 2016 和 ArcGIS 10.6 软件绘制。ArcGIS 10.6 软件是一款可用于地图制作、空间数据管理、空间分析以及空间信息集成、发布和共享的 GIS 软件，可编辑地图数据并更改图片的颜色和图层。本研究中利用 ArcGIS 工具对湖北省农业废弃物的沼气潜力分布等进行了可视化分析。

2.1 农业废弃物沼气潜力计算

沼气潜力是指在中温(约 35 ℃)的反应条件下，畜禽粪便和农作物秸秆分别进行 60 天和 90 天厌氧发酵所产生的沼气量(张无敌，等，1997)。

(1)农作物秸秆沼气潜力计算。

根据公式(1)计算农作物秸秆的沼气潜力(Chang, et al,2014)。

$$Q_1 = \sum_{i=1}^{n}(S_i \times f_i \times \gamma_i) \tag{1}$$

式中，$Q1$ 是农作物秸秆的总甲烷潜力（m3/ 年）；Si 是秸秆的数量；fi 是特定作物的秸秆的干物质比（%）；γi 是作物秸秆 i 的沼气生产率（m3/kg）。相关数据如表 1 所示。

表 1 湖北省主要农作物的干物质比和产气率

作物类型	大米	小麦	玉米	大豆	土豆	油料作物	棉花	甘蔗
干物质比（%）	80	85	85	80	80	80	80	80
沼气生产率（m^3/kg）	0.40	0.45	0.50	0.40	0.40	0.40	0.40	0.40

(2)畜禽粪污沼气潜力计算。

使用公式(2)计算牲畜粪便的沼气潜力(Chang, et al,2014)。

$$Q_2 = \sum_{i=1}^{n}(M_i \times f_i \times \gamma_i) \tag{2}$$

式中，Q_2 是畜禽粪便的总沼气潜力（m^3/年）；M_i 是畜禽产生的粪便量（kg）；f_i 是畜禽排泄物的干物质比（%）；γ_i 为沼气生产率（m^3/kg）。具体系数如表 2 所示。

表 2　湖北省畜禽粪便干物质比与产气率

畜禽种类	猪	肉牛	奶牛	羊	家禽
干物质比（%）	30.3	26.5	21.4	49.26	47.69
沼气生产率（m^3/kg）	0.42	0.30	0.30	0.30	0.49

2.2　沼气潜力的环境效益评价

(1)沼气潜力转化为标准煤。

标准煤,又称煤当量,是计算各种能源总能量含量的综合指标。由于不同的能源具有不同的热值,因此需使用统一的标准将其进行比较。一般来说,1 kg 标准煤的热量为 7000 kcal(刘亦文和胡宗义,2010)。将沼气转化为标准煤的公式如下(朱立志和赵鱼,2012):

$$Q_c = Q_b \times U \tag{3}$$

式中,Q_c是标准煤的量(kg),Q_b是沼气体积(m^3),U是计算沼气的标准煤系数,等于0.714 kg/m^3。

(2)二氧化碳排放。

根据王革华(1999)的相关研究,标准煤燃烧的 CO_2 排放量计算方法如下:

$$C_c = \frac{44}{12} \times 89.9\% \times q_c \times E_c \times C \tag{4}$$

式中,44/12是CO_2的分子量与C的原子量之比,89.9%是标准煤氧化速率,q_c为标准煤热值(0.0209 TJ/t),E_c为碳排放系数(24.26 t/TJ),C为标准煤耗。

沼气燃烧产生的 CO_2 排放量表示如下:

$$C_b = \frac{44}{12} \times q_b \times E_b \times B \tag{5}$$

式中,q_b为沼气热值(0.209 TJ/10^4 m^3),E_b是碳排放系数(15.3 t/TJ),B是沼气消耗量。

2.3　沼气生产差异率

由于在实际利用过程中,农业废弃物不可能全都用于沼气化生产,除了将废弃物资源进行厌氧发酵产沼气之外,农业废弃物资源还可能会被用作生产生物质颗粒燃料、有机肥料等(Zhang, et al, 2021)。因此,在理论和实际的对比分析时,需在理论沼气潜力值的基础上,综合考虑农作物秸秆、畜禽粪便的沼气化利用率,以获得实际可利用沼气的潜力值。但实际调查数据表明可利用沼气潜力与实际沼气产量也不可能完全相等,二者之间依旧存在很大的差距。故为了可视化两者之间的差距,本研究利用沼气工程的产气差异率进行表示。产气差异率用公式(6)计算(Yan, et al, 2021):

$$R = 1 - \frac{N}{Q} \times 100\% \tag{6}$$

式中,R是某一地区的沼气产气差异率,N表示该地区的实际产气量,Q表示该地区可开发的沼气潜力。

3 农业废弃物沼气潜力分析

根据沼气潜力计算公式(1)和(2)可得，2020 年湖北省秸秆沼气潜力值为 1.11×10^{10} m^3，畜禽粪便沼气潜力值为 0.92×10^{10} m^3。从不同作物的秸秆沼气潜力占比来看，沼气潜力贡献率最高的是粮食作物，其沼气潜力占秸秆总沼气潜力的 76.21%，其中稻谷为 33.37%，玉米为 23.89%，小麦为 18.94%，如图 1(a)所示。其余非粮食作物的沼气潜力贡献率之和仅为 23.79%，其中甘蔗的沼气潜力贡献率最小，仅为 0.08%。对于畜禽粪污沼气潜力，贡献最大的是猪和家禽，其贡献率分别为 38.59%、31.81%，其次是奶牛(12.00%)、肉牛(10.06%)和羊(7.54%)，如图 1(b)所示。综合来看，秸秆与畜禽粪污沼气潜力贡献率的总体分布情况与资源量分布情况基本相符。

基于湖北省各地区的潜力数据，结合地理信息系统，可得出 2020 年湖北省 17 个城市秸秆和畜禽粪便沼气潜力的空间分布结果。从不同地区秸秆沼气潜力分布来看，襄阳市的秸秆沼气潜力最高，为 2.36×10^9 m^3，其次是荆州市(1.53×10^9 m^3)、荆门市(1.10×10^9 m^3)和黄冈市(0.96×10^9 m^3)。这 4 个城市的秸秆沼气潜力之和占全省秸秆沼气潜力值的 53.69%。其中，襄阳市位于西部山区，其他三座城市位于东部平原。其他地区虽均有分布，但还未形成较大的规模和比例。对于畜禽粪便的沼气潜力分布，湖北省畜禽粪污沼气潜力值最大的地区也是襄阳市，为 1.49×10^9 m^3，其次是黄冈市(1.22×10^9 m^3)、孝感市(0.92×10^9 m^3)和宜昌市(0.84×10^9 m^3)，其总和占全省畜禽粪便沼气总潜力值的 48.90%，也已接近全省的一半资源量。这反映出了湖北省不同地区秸秆和畜禽粪便沼气潜力的巨大差异和不均匀性。

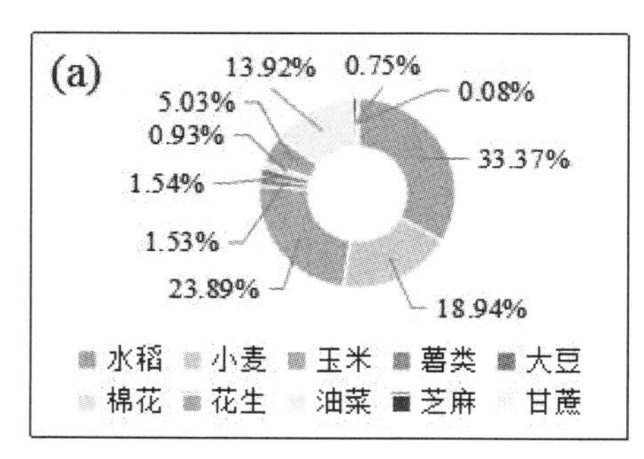

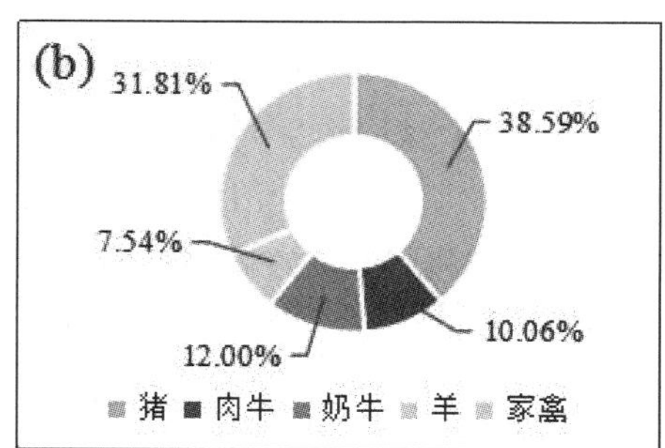

图 1 湖北省农作物秸秆（a）沼气潜力的来源种类（b）

针对全省农作物秸秆和畜禽粪污二者的沼气潜力，秸秆的沼气潜力比畜禽粪污高出约

1.93×10^9 m^3。为了更直观地对不同地区的秸秆与畜禽粪污沼气潜力进行对比分析，画出如图2所示的比例图，该图表明全省秸秆和畜禽粪便的沼气潜力值相对均衡，秸秆沼气潜力与畜禽粪便沼气潜力的比例差异不到10%。但是从不同地区来看，江汉平原的秸秆沼气潜力相对较高，比畜禽粪污高约34.24%。因此，该地区的种植业在一定程度上比养殖业更为发达。对于西部山区，秸秆和畜禽粪污的沼气潜力基本保持相对平衡，其潜力占比出入值都在10%以内。综合来看，湖北省各地区农作物与畜禽养殖所产生的废弃物资源的沼气潜力虽有所差异，但差别不大，应各取所需，各为所用。

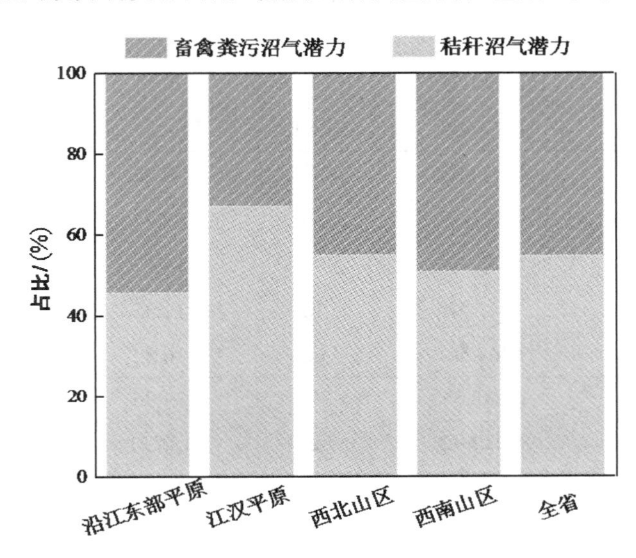

图2　湖北省不同地区秸秆和畜禽粪便的沼气潜力比例

4　沼气潜力的效益分析

从目前的能源消费结构来看，包括湖北省在内的中国各省市仍以煤炭消费为主（刘畅，等，2014）。但煤炭在燃烧时会产生大量的 CO_2 及其他有害气体，对气候环境会造成不利的影响，而沼气作为一种清洁无污染的可再生能源，在很大程度上可有效减少温室气体的排放，并能有效替代煤炭等不可再生能源的使用（Smolinski and Bak，2022）。因此，为了更好地将二者进行对比分析，采用将两类能源均统一折合成标准煤的方法进行统一对比分析，并评估其各自的环境效益。经沼气折标煤系数及煤炭折标煤系数的换算，2020年湖北省农业废弃物所产生的沼气可替代 4.41×10^6 t的煤炭资源。根据王革华（1999）提出的 CO_2 排放量计算方法，替代煤完全燃烧释放的 CO_2 量为 7.37×10^6 t，沼气燃烧释放的 CO_2 量为 5.17×10^6 t，这相当于减少了 2.20×10^6 t的碳排放量（见表3）。不仅如此，将厌氧消化后的沼液沼渣用于后续生产中，也有助于减少温室气体排放，这表现在使用有机肥料代替化肥，从而减少了化肥生产过程中及其施用后温室气体的排放（Ishikawa，et al，2006）。

沼气的开发和利用不仅可以缓解环境问题，还可以通过碳交易出售减排产品，以获得额外的经济效益。根据清洁发展机制（CDM），按照10 USD/t CO_2 的价格计算，湖北省沼气潜力碳减排的经济效益为 2.20×10^7 USD（Chen，et al，2017）。

表 3　湖北省不同地区的碳排放相关参数

地区	城市	实际沼气潜力（10^4 m^3）	标准煤（10^4 t）	煤炭 CO_2 排放量（10^4 t）	沼气 CO_2 排放量（10^4 t）	CO_2 减排量（10^4 t）
沿江东部平原	武汉	15841.84	11.31	26.50	18.59	7.91
	黄石	9370.67	6.69	15.68	11.00	4.68
	黄冈	51117.36	36.50	85.51	59.99	25.52
	鄂州	5101.56	3.64	8.53	5.99	2.55
	咸宁	18355.53	13.11	30.71	21.54	9.17
	孝感	38777.14	27.69	64.87	45.51	19.36
江汉平原	荆州	42073.83	30.04	70.38	49.38	21.01
	荆门	37503.38	26.78	62.74	44.01	18.73
	天门	8472.38	6.05	14.17	9.94	4.23
	仙桃	7141.52	5.10	11.95	8.38	3.57
	潜江	6468.50	4.62	10.82	7.59	3.23
西北山区	十堰	23888.55	17.06	39.96	28.03	11.93
	襄阳	80229.32	57.28	134.21	94.15	40.06
	随州	27610.47	19.71	46.19	32.40	13.79
	神农架	433.29	0.31	0.72	0.51	0.22
西南山区	宜昌	37604.25	26.85	62.91	44.13	18.78
	恩施	30795.27	21.99	51.52	36.14	15.38
总计		440784.88	314.72	737.38	517.29	220.09

5　沼气的实际生产利用情况

5.1　沼气工程的实际情况

据估算，2020 年湖北省主要农业废弃物资源的总沼气潜力约为 2.02×10^{10} m^3，沼气潜力巨大。根据各地区的沼气潜力，通过 ArcGIS 软件可绘制总沼气潜力分布图，直观反映了湖北省沼气潜力的空间分布情况。其中襄阳的沼气潜力值最高，为 3.86×10^9 m^3。总体而言，沼气潜力高的地区大多位于江汉平原和沿江东部平原地区。而西部山区的大部分地区几乎没有被覆盖，其中神农架地区的沼气潜力最低，只有 1.88×10^7 m^3。这是因为西部地区的畜禽养殖业和种植业发展受到地理环境的限制，大部分地区被山地环绕。例如，恩施的森林覆盖率为 74%，这直接导致地理空间连续性不足，从而限制了种植业和养殖业的规模化发展。另一个原因可能与不同地区的人口和经济因素有关。

根据统计年鉴中的调查数据，2020 年湖北省总人口数量为 5.78×10^7，人均 GDP 可达 7.56 万元。如图 3 所示，各城市的人口数量和经济水平基本保持一致，其中沿江东部平原的经济发展水平最高，人口数量和 GDP 分别占 49.88% 和 55.31%。至于其他地区，江汉平原和西北山区没有太大的差异，差异值不超过3%。而西南山区的人口和GDP最低，仅占全省的12.73%和12.32%。总的来看，人口和GDP的情况与沼气潜力的分布是一致的，这表明人口因素和经济发展水平也对当地沼气潜力有着至关重要的影响。

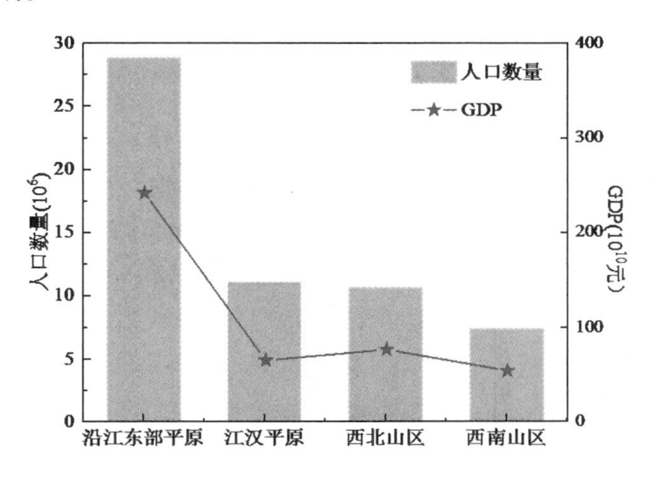

图3　湖北省不同地区的人口和GDP

根据实际调查和研究，图4展现出了湖北省各地区建设的中小型、大型和超大型沼气项目的分布情况。从分布上看，不同规模的沼气项目数量从沿江东部平原、江汉平原和西部山区依次减少。平原地区中小型沼气项目数量占64.39%。大型和特大型沼气项目也是平原地区建设最多的项目，占总项目的68.33%。由此可见，大型和特大型沼气项目大多建在地势平坦、视野开阔的平原上。然而对于西部山区而言，西南部的沼气项目数量略多于西北部。这是因为划分为西南地区的宜昌政府非常重视沼气厂的建设，大力发展沼气项目，沼气项目数量居全省所有地级市首位。由于宜昌地形复杂，以山地为主，被划分为西南山区，这就解释了西南地区沼气项目比西北的沼气项目多的原因。

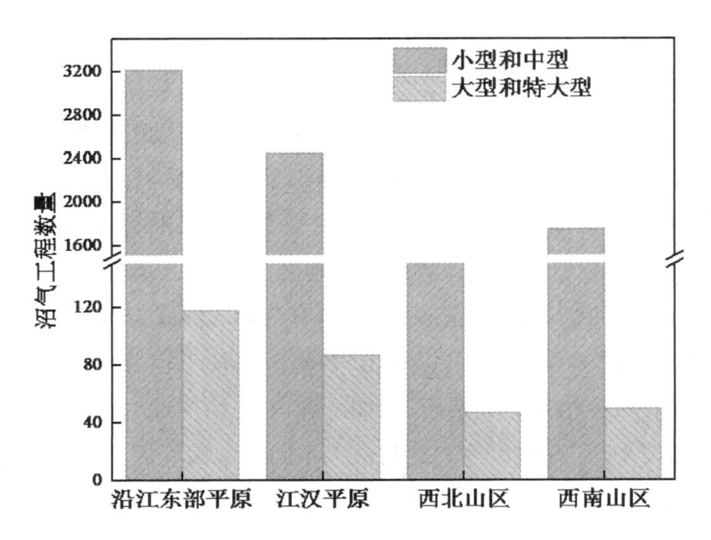

图4　湖北省各区沼气项目数量

5.2 沼气生产差异率

基于实际沼气产气量及理论沼气潜力的数据，根据公式(3)计算出了湖北省不同地区的沼气产气差异率，如图5所示。结果表明，湖北省不同地区的沼气产气差异率在90%～100%之间，全省平均产气差异率为96.64%，差异率越高，表明实际产气量与理论沼气潜力值之间的差异越大。总体来看，理想与现实的差距仍然显著，湖北省农业废弃物资源的总体利用水平不高，这表明湖北省农业废弃物沼气化利用有很大的提升空间。

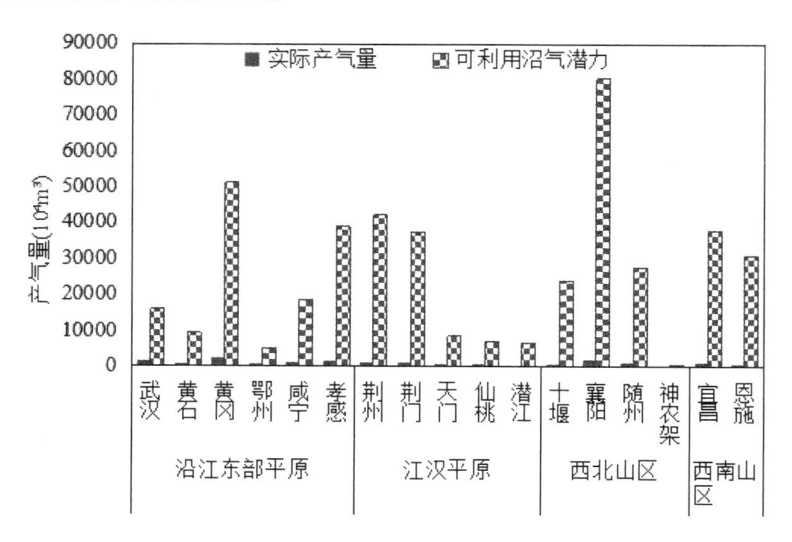

图5 湖北省不同地区实际产气量和可利用沼气潜力的分布

从17个地区沼气产气差异率的空间分布图(图7)来看，西北山区的沼气产气差异率较高。神农架林区沼气生产差异率排名第一(99.92%)，其次是襄阳市(97.88%)、荆州市(97.83%)和十堰市(97.65%)。而湖北省中东部地区的产气差异率相对较低，如武汉市、鄂州市、潜江市和黄冈市等地区，其中武汉市(省会城市)的产气差异率最低，为90.98%，这表明武汉市等地区的农业废弃物资源利用情况相对来说处于较高水平。总体而言，湖北省各地区沼气产气差异率的空间差异性比较明显，产气差异率低的大都集中在东部平原地区，而西部地区的产气差异率大多较高，这可能与当地能源消费结构、自然环境和经济条件(如土地面积)有关。除神农架等沼气潜力极低的地区外，产气差异率高的地区土地面积基本上都比较大，而产气差异率低的地区占地面积大多较小。这可能是因为土地面积越大，农业废弃物资源的收集半径就越大，收集量受到一定的限制，从而导致实际产气量与沼气潜力值存在较大的偏差。所以针对产气差异率高的地区，结合考虑其现实因素，对其农业废弃物资源进行更有效的利用，并合理地规划建设沼气工程，提升各地的沼气工程产气率。

此外各地区装机容量的规模分布，可以看出，各地区沼气工程的产气率与装机容量并不成正比，产气率高的地区其装机容量并不一定高，比如武汉市和天门市。同样，装机容量高的地区其产气率也不一定高，比如襄阳市、宜昌市等。这是由于不同地区沼气的利用情况有所差异，比如有些地区的沼气主要是用于发电，其装机容量就会高一些，但有些地区可能会存在沼气被用于采暖、加工食品等情况。而尽管二者不存在正比关系，但在一定程度上沼气工程产气差异率会影响装机容量的大小。

5.3 沼气生产密度

沼气产气差异率的分析及分布图表明，土地资源可能在一定程度上影响着沼气工程的发展。针对这种影响，本文通过将实际生产沼气量平均到各地区的耕地面积上，即沼气生产密度，来衡量农业废弃物耕地的沼气生产效率。根据各地区实际沼气产量和面积数据，得出湖北省单位耕地面积内农业废弃物的沼气产量仅为 2826.22 m^3/km^2，沼气生产密度相对较低。就地区而言，鄂州区沼气生产密度最高，为 6039.68 m^3/km^2，其次是武汉市（4863.25 m^3/km^2）和咸宁市（4820.09 m^3/km^2），而神农架地区的沼气生产密度最低，仅为 49.47 m^3/km^2。如图 6 所示，超过全省平均水平的城市有 9 个，且这些城市中约 80% 都位于东部平原地区。而对于西部地区，各城市的土地面积相对较广，但这些城市的沼气产量都不高，所以导致西部山区总体沼气生产密度都处于较低水平。

湖北省不同地区的耕地面积和沼气生产密度如图 6 所示。

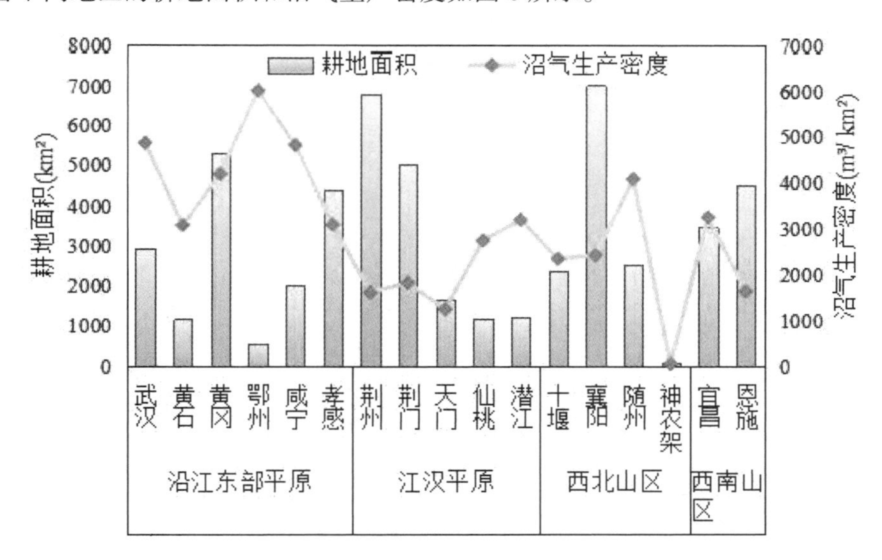

图 6 湖北省不同地区的耕地面积和沼气生产密度

6 讨论与建议

6.1 完善相关政策

与其他研究结果（侯莹，2017）一致，本文的结果表明湖北省农业废弃物资源沼气化利用率很低，沼气产业的发展依旧任重而道远。对于当前沼气发展过程中存在的各种问题，最先需要完善的是相关政策，这是因为任何行业的发展都离不开完备政策的积极引导与保障，沼气行业的发展也不例外，许多研究也得出了相同的结论（陈利洪，等，2016）。本研究针对现如今沼气发展过程中存在的激励机制不完善、企业监管机制不健全等政策问题，提出相关建议。首先是国家宏观政策的支持，这对我国沼气发展具有重大战略意义。尽管已有国家政策的宏观调控，但现如今城乡区域内的沼气发展仍不平衡，所以未来的沼气发展还需从各个方面加强政策支持与引导，并在管理上，形成统一的领导部门，有计划地推进沼气产业的发展。其次应加强完善相关法律法规及规章制度，尽管已有《中华人民共和国农业法》《中华人民共和国可再生能源法》等法律法规的保障与约束。但大都未被普及，群众意识淡薄，所以沼气未来的发展仍需额外且相对具体的法律法规进行精准保障与约束。同时在相关行业标准上，制定与国际接轨的沼气行业标准，使我国的沼气产品商品化，拓展销售渠道。最后，关于经济政策激励方面，图 7 显示的是 2020 年湖北省各地区在沼气建设方面的拨款投资金额，总金额为 7257.38 万元，仅占湖北省农业总投资的 7.56%。相比于其他国家比如德国、英国、瑞士等沼气产业较为发达地区，其沼气产业政策扶持的重点基本集中在产品端，主要是沼气发电电价补贴及消费补贴，而国内沼气产业政策侧重点则主要偏向于沼气工程的建设，且相比其他国家的补贴力度比较小，故建议加大财政支持力度保障沼气产业建设、生产与维护，同时应参考其他沼气产业较发达地区，除了加强建设投资，还应加强沼气发电电价补贴、生产补贴、消费补贴等。

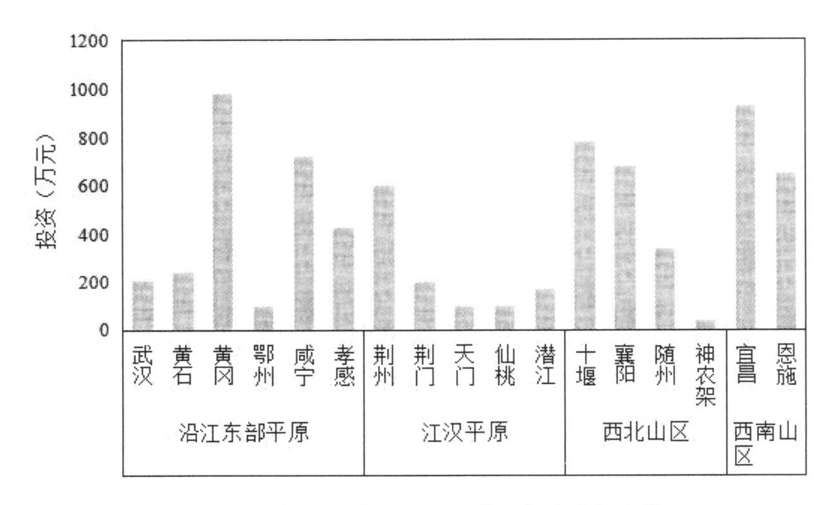

图 7　2020 年湖北省不同地区的沼气生产投资情况

6.2　因地制宜开发沼气工程项目

根据前期的研究(Liu, et al,2019)和本文的研究结果，湖北省不同城市利用农业废弃物开发沼气的情况差异较大，并非所有地区都适合发展沼气工程。因此，根据不同地区的实际情况，建议在不同地区发展不同类型的沼气工程。最新农业行业标准的沼气工程规模分类指标如表 4 所示。

由于不同地区的气候和地理环境不同，其土地资源、水资源、社会经济条件等自然条件也会有所不同。因此，沼气工程建设应充分考虑上述条件。结合当地财政状况、经济水平、产业结构、基础设施和当地需求，制订发展沼气产业的区域管理方案。在农民居住相对集中、用气需求迫切的地区，应新建一批沼气项目，开展沼气集中供气，仍至探索集中供暖。同时，在经济作物发达、沼气资源需求量大的地区，要推进以农业废弃物为主要原料的大型沼气工程和天然气工程建设，培育专业化经营主体，提高管理、保护专业化和经营市场化水平。

表 4 沼气工程规模分类指标

工程规模	厌氧消化装置总体容积 V，m^3	备注
规模化生物天然气	$V \geq 10000$	特大型基础上增加沼气净化提纯系统，容积产气率不低于 1.2 $m^3/(m^3 \cdot d)$
特大型	$5000 \leq V < 10000$	大型基础上增加在线监测系统、沼渣沼液综合利用系统，容积产气率不低于 1.0 $m^3/(m^3 \cdot d)$
大型	$1000 \leq V < 5000$	增温保温、搅拌系统，容积产气率不低于 0.8 $m^3/(m^3 \cdot d)$
中小型	$V < 1000$	进出料系统；增温保温、回流、搅拌系统；沼气的净化、储存、输配和利用系统；计量设备；安全保护系统

具体来说，湖北省各地，襄阳、宜昌、黄冈、荆州等地农业废弃物资源丰富，其中大部分位于平原地区，地势相对平坦，农业废弃物集中厌氧处理较为方便。因此，适宜发展大中型沼气项目。尽管孝感、咸宁、随州等地都在平原地区，但垃圾资源量处于中等水平，所以它们只适合开发小型沼气工程。此外，参考国内相关研究（Yan, et al, 2021），不同地区应采用合适的沼气生产技术。湿式厌氧发酵技术（总固体含量 10%）和干式厌氧发酵技术（总固体含量 >20%）是厌氧发酵技术的两个主要类型（贾璇，等，2020）。由于在使用过程中耗水量大，湿式厌氧发酵技术最适合于输入浓度相对较低的材料，因此，拥有湖北省大部分湖泊的江汉平原是采用这类技术的理想地点。与湿式厌氧发酵技术相比，干式厌氧发酵技术具有节水、低消耗和低二次污染的优点（Arelli, et al, 2018），适合西北山区等干旱地区。然而，由于其存在启动延迟和传质不均等缺点，干式厌氧发酵不常用。因此，为了在湖北省其他地区利用秸秆和畜禽粪便生产沼气，可将湿式和干式厌氧发酵技术结合起来。

7 小结

本书基于湖北省不同地区的农作物种植量和畜禽养殖量，对农业废弃物的沼气潜力进行了估算。结果表明，2020 年湖北省农业废弃物理论沼气潜力为 2.02×10^{10} m^3，其中秸秆沼气潜力为 1.11×10^{10} m^3，且水稻的沼气潜力贡献率最高，占秸秆总沼气潜力的 33.37%；畜禽粪污的沼气潜力为 0.92×10^{10} m^3，其中猪的沼气潜力贡献率最高，占畜禽粪污总沼气潜力的 38.59%。江汉平原的秸秆沼气潜力相对较高，比畜禽粪污高约 34.24%。纵观全省 17 个地级市中，襄阳市的沼气潜力最高，占全省沼气潜力的 19.06%，其次是黄冈市（10.79%）、荆州市（10.70%）、荆门市（8.89%）和孝感市（8.25%）。经换算，湖北省实际沼气潜力值可达 4.41×10^9 m^3，这些沼气潜力可减少 2.20×10^6 t 的碳排放量。随后，通过将实际总沼气产量和理论可利用沼气潜力进行比较，发现理论沼气潜力与实际沼气产量之间存在明显的空间差异。经计算，湖北省各地区的沼气产气差异率在 90%～100% 之间，全省平均沼气产气差异率为 96.64%，差异率越高，表明实际产气量与理论沼气潜力值之间的差异越大，通过对沼气产气差异率的分析，研究发现土地资源在一定程度上会影响沼气产业的发展，故在实际沼气产量的基础上，计算出了湖北省各个地区的单位面积沼气生产密度，结果表明湖北省单位耕地面积内农业废弃物的沼气产量为 2826.22 m^3/km^2，沼气生产密度相对较低，且相比于东部平原地区，西部山区沼气生产密度处于较低水平，沼气产业的发展仍有很大的提升空间。

原载出处：

Evaluation and analysis of biogas potential from agricultural waste in Hubei Province, China. Agricultural Systems. 2023 , 205(1) :103577. https://doi.org/10.1016/j.agsy.2022.103577

附录 C

2023 年湖北省重点县（市、区、州）草谷比分析报告

1. 湖北省重点县（市、区、州）农作物草谷比主要监测工作

2023 年 7 月至 10 月，我们对湖北省武汉市新洲区（以下简称新洲区）、监利市、钟祥市、当阳市、恩施土家族苗族自治州（以下简称恩施州）、赤壁市、汉川市、孝昌县、广水市、阳新县、仙桃市、郧阳市、黄梅县等 13 个秸秆综合利用重点县（市、区、州）开展了农作物草谷秸秆可收集系数监测工作。选择了代表性农作物种类进行监测，根据成熟季节，优先选择水稻、玉米、大豆等农作物，最终在湖北省共采集 13 个重点县（市、区、州）代表性农作物样品 138 个进行分析，其中包括 13 个县（市、区、州）99 个水稻样品、8 个县（市、区、州）33 个玉米样品、2 个县（市、区、州）6 个大豆样品，如表 1 所示。

表 1　湖北省重点县（市、区、州）农作物草谷比、秸秆可收集系数监测

	水稻	玉米	大豆	总计
新洲区	14			14
监利市	8	2	2	12
钟祥市	4	6		10
当阳市	6	4		10
恩施州	2	8		10
赤壁市	11			11
汉川市	4	2	4	10
孝昌县	4	6		10
广水市	10			10
阳新县	10	2		12
仙桃市	10			10
郧阳市	6	3		9
黄梅县	10			10
总计	99	33	6	138

农作物草谷比监测工作主要包括测量材料准备、抽样地块选取、取样点布设、作物样本实（割）测、采集样品制备、样品保存及运输、秸秆与籽实水分测定、草谷比测算等（见图 1 和图 2）。同时，开

展秸秆可收集系数监测，包括测定材料准备、抽样村镇选取、作物株高实测、割茬高度实测、枝叶损失率测定、可收集系数测定（见图3）。在地块选取方面，选取湖北省的新洲区、监利市、钟祥市、当阳市、恩施州、赤壁市、汉川市、孝昌县、广水市、阳新县、仙桃市、郧阳市、黄梅县等重点县（市、区、州）农作物常见种植方式地块，每个县（市、区、州）均匀随机选取3个镇5个村10个地块，每个地块进行五点取样法采集样品。对样品进行晾晒、样品脱粒、秸秆切割、称重、样品烘干前准备、烘干、烘干后称重等处理，再进行水分测定以及草谷比计算。另外样品采集时对样品进行株高、机械留茬高度、人工留茬高度的测定，最后进行可收集系数的计算。

图1　农作物草谷比的样品采集与制备

图2　农作物籽粒和秸秆的水分含量测定

图3　农作物秸秆可收集系数测定

2. 监测结果与分析

2.1　不同种类农作物水分含量监测结果

湖北省分为沿江东部平原、江汉平原、西北山区和西南山区。沿江东部平原包括武汉市、黄石市、黄冈市、鄂州市、咸宁市和孝感市，江汉平原包括荆州市、荆门市、天门市、仙桃市和潜江市；西北山区包括十堰市、襄阳市、随州市、神农架林区；西南地区包括宜昌市和恩施州。

基于13个县（市、区、州）138个样本分析（见表2），试验测得水稻秸秆水分含量均值为10.56%(3.86%～20.85%)，籽实水分含量均值为11.00%(6.72%～21.69%)。玉米秸秆水分含量均值为14.74%(3.66%～48.3%)，籽实水分含量均值为15.09%(7.61%～32.78%)，玉米秸秆水分含量大都集中于8.16%～16.17%，籽实水分含量大都集中在10.23%～18.83%，个别秸秆水分含量为40%以上，籽实水分为32%左右（见图4）。大豆秸秆水分含量均值为10.46%(9.63%～11.14%)，籽实水分含量均值为8.84%(8.45%～9.3%)。

表2　2023年湖北省不同农作物种类草谷比

作物种类	项目	秸秆水分/（%）	籽实水分/（%）	秸秆重量/（kg/5 m²）	籽实重量/（kg/5 m²）	粮食产量/（kg/亩）	草谷比	秸秆产生量/(kg/亩)	秸秆可收集量/(kg/亩)
水稻（n=99）	最大值	20.35	21.69	7.37	6.37	849.34	1.66	1017.29	689.69
	最小值	3.86	6.72	1.68	1.70	226.67	0.67	228.93	155.68
	平均值	10.56	11.00	4.26	4.01	534.18	1.11	590.98	415.79
	标准差	2.89	3.05	1.33	1.03	137.47	0.21	173.90	138.81
玉米（n=33）	最大值	48.30	32.78	11.22	8.80	1173.34	2.22	1657.61	1525.00
	最小值	3.66	7.61	2.30	1.83	244.00	0.84	338.27	274.00
	平均值	14.74	15.09	6.16	4.99	674.59	1.31	850.57	720.71
	标准差	11.70	6.39	2.21	2.09	276.85	0.35	340.44	302.11
大豆（n=6）	最大值	11.14	9.30	1.90	1.56	208.00	1.99	257.37	208.47
	最小值	9.63	8.45	1.23	0.67	89.33	1.06	163.48	130.78
	平均值	10.46	8.84	1.55	1.07	143.11	1.53	207.54	165.91
	标准差	0.57	0.38	0.25	0.30	40.17	0.39	33.61	28.79

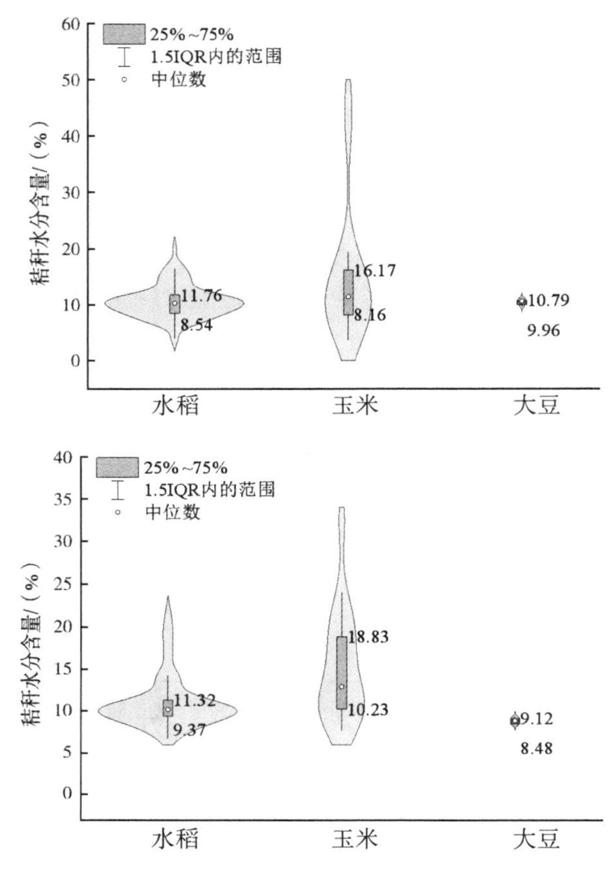

图 4 不同作物种类秸秆和籽实水分含量

2.2 农作物草谷比监测结果

2.2.1 不同种类农作物草谷比

湖北省不同农作物草谷比如图 5 所示。基于 13 个县(市、区、州)99 个样本分析,水稻草谷比均值为 1.11,大多集中于 0.95～1.29;基于 8 个县(市、区、州)33 个样品分析,玉米秸秆草谷比均值为 1.31 大多集中于 1.1～1.31;基于 2 个县(市、区、州)6 个样本分析,大豆草谷比在 1.06～1.99 之间,均值为 1.53(见表 2)。

从草谷比均值来看,各地区水稻草谷比值差异性较小,玉米和大豆的草谷比差异性较大。阳新县和仙桃市水稻的草谷比均值较其他地区的高,孝昌县、当阳市和赤壁市草谷比数值较高,监利市、汉川市和恩施州草谷比值较低。总体来看,江汉平原和西南山区内部草谷比值差异性较为显著,西北山区的草谷比差异性较小。汉川市和阳新县的玉米草谷比均值较其他地区的高,当阳市和郧阳市的草谷比均值较高,监利市和钟祥县草谷比均值较低。总体来看,沿江东部平原的玉米草谷比均值相对偏高,江汉平原地区的玉米草谷比均值相对偏低。汉川市的大豆草谷比均值相对监利市偏高。

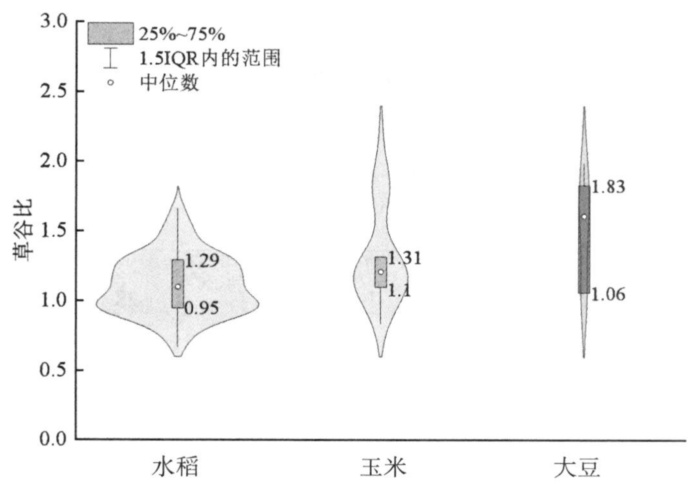

图 5　湖北省不同农作物草谷比

2022 年与 2023 年湖北省水稻、玉米和大豆草谷比实测值相对比，年际间草谷比值差异性显著。2023 年实际测算的湖北省水稻和玉米秸秆草谷比相对于 2022 年降低，其中水稻秸秆草谷比降低幅度较大，而大豆草谷比相对于 2022 年升高，表明高温少雨等气候变化对水稻秸秆草谷比值影响较大，对玉米和大豆草谷比值影响较小。

2023 年湖北省水稻、玉米和大豆秸秆草谷比实测值与参考值差异性显著。2023 年湖北省水稻、玉米和大豆草谷比均低于长江中下游地区的草谷比参考值，其中玉米秸秆草谷比差异性最大，作物品种在不断改良导致差异性增大是原因之一；大豆秸秆草谷比低于全国大豆秸秆草谷比参考值，水稻和玉米秸秆草谷比均高于全国的参考值，长江中下游农区参考值也与全国的参考值差异较大。总体来说，湖北省秸秆草谷比实测值与长江中下游农区的参考值和全国的参考值存在差异，其中与全国参考值差异较大。这表明有必要定期分区域对秸秆草谷比进行实测，对秸秆草谷比更新修正（见图 6）。

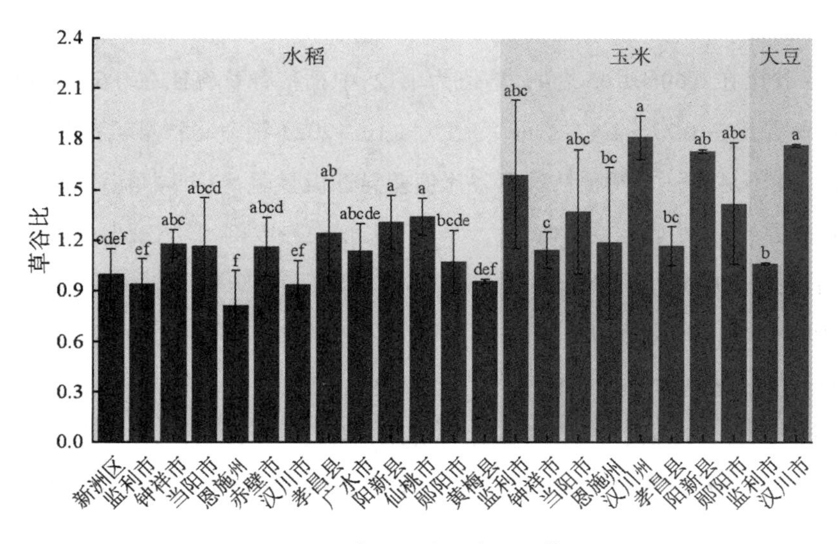

图 6　湖北省不同地区农作物草谷比

湖北省和全国秸秆可收集系数如表 3 所示。

表 3　湖北省和全国秸秆可收集系数

序号	秸秆种类	2022 年湖北省秸秆草谷比	2023 年湖北省秸秆草谷比	长江中下游地区	全国草谷比
1	稻草	1.71	1.11	1.28	1.05
2	玉米秸秆	1.47	1.31	2.05	1.63
3	豆类秸秆	1.34	1.53	1.68	1.36

2.2.2　不同熟制水稻草谷比

水稻是湖北省的主要作物之一，秸秆资源量最高，种植面积约占湖北粮食种植面积的 48.50%，产量约占粮食作物总产量的 68.14%。

(1) 不同熟制的水稻粮食产量、秸秆产生量和秸秆可收集量差异性显著，其中中稻差异性最大；水稻秸秆草谷比差异性不显著。基于对早稻 5 个县(市、区、州)共 38 个样品、中稻 7 个县(市、区、州)共 46 个样品，晚稻 2 个县(市、区、州)共 15 个样品分析表明，不同熟制的水稻粮食产量为中稻(604.84 kg/ 亩)＞晚稻(504.09 kg/ 亩)＞早稻(460.53 kg/ 亩)；秸秆草谷比值为早稻(1.12)＞中稻(1.11)＞晚稻(1.10)，但三者差异性很小；秸秆产生量为中稻(660.36 kg/ 亩)＞晚稻(551.54 kg/ 亩)＞早稻(522.55 kg/ 亩)秸秆可收集量为中稻(480.71 kg/ 亩)＞晚稻(363.78 kg/ 亩)＞早稻(357.72 kg/ 亩)(见表 4)。

早稻秸秆草谷比在 0.69～1.65 之间，均值为 1.12；中稻秸秆草谷比在 0.67～1.66 之间，均值为 1.11；晚稻秸秆草谷比在 0.77～1.47 之间，均值为 1.10。2023 年湖北省早稻秸秆草谷比值与 2022 年草谷比值差异性不显著，中、晚稻秸秆草谷比值差异性极显著；与全国草谷比值差异性较小。这是由于 2022 年高温少雨，中晚稻受影响较大，早稻 7 月份左右收割，影响较小；而 2023 年高温多雨，气候对水稻草谷比值影响较小。

(2) 从不同地区来看的情况如下。

①早稻粮食产量、秸秆草谷比和秸秆产生量差异性显著。

②中稻粮食产量差异性较小，秸秆草谷比和秸秆产生量差异性显著。

③晚稻粮食产量差异性不显著，秸秆草谷比和秸秆产生量差异较为显著(见表 4)。

表 4　2023 年湖北省不同熟制和不同地区的水稻秸秆草谷比

作物种类	作物类型	秸秆水分/(%)	籽实水分/(%)	秸秆重量/(kg/5 m^2)	籽实重量/(kg/5 m^2)	粮食产量/(kg/亩)	草谷比	秸秆产生量/(kg/亩)	秸秆可收集量/(kg/亩)
水稻	早稻	9.62	10.10	3.86	3.45	460.53	1.12	522.55	357.72
	中稻	11.57	12.17	4.87	4.54	604.84	1.11	660.36	480.71
	晚稻	9.85	9.67	3.41	3.78	504.09	1.10	551.54	363.78
	新洲区(早稻)	7.09	8.64	2.68	2.62	349.20	1.07	370.68	262.60
	监利市(早稻)	9.73	10.14	2.46	2.69	358.84	0.94	334.43	231.25
	孝昌县(早稻)	8.35	9.00	3.48	2.92	389.34	1.25	470.35	301.41
	阳新县(早稻)	12.13	12.94	5.98	4.71	627.87	1.31	808.79	539.05
	郧阳市(早稻)	10.38	8.48	4.43	4.13	550.22	1.07	584.25	420.21
	恩施州(中稻)	3.97	9.06	3.46	4.36	580.67	0.82	467.93	410.69
	新洲区(中稻)	9.25	10.19	4.01	4.97	662.34	0.81	535.51	346.80
	钟祥市(中稻)	8.85	11.76	5.16	4.57	609.67	1.18	714.87	586.19
	当阳市(中稻)	11.13	10.03	5.16	4.54	604.89	1.17	690.93	535.44
	广水市(中稻)	16.22	18.44	5.15	4.73	631.20	1.14	709.32	582.46
	仙桃市(中稻)	12.06	10.41	5.50	4.12	548.67	1.34	732.88	530.44
	黄梅县(中稻)	10.22	10.52	4.29	4.61	614.54	0.96	587.17	321.75
	赤壁市(晚稻)	10.45	10.41	3.41	3.79	505.82	1.16	584.30	366.62
	汉川市(晚稻)	8.18	7.64	3.43	3.75	499.34	0.94	461.45	355.99

附录

2022—2023年湖北省早、中、晚稻草谷比实测值和文献值如表5所示。

表5 2022—2023年湖北省早、中、晚稻草谷比实测值和文献值

地区	草谷比		
	早稻	中稻	晚稻
湖北省（2022）	1.04	1.82	2.30
湖北省（2023）	1.12	1.11	1.10
全国	0.93	1.00	1.06

2.3 不同种类可收集系数监测结果

2.3.1 机械留茬高度监测结果

农作物留茬茬高直接影响到农作物秸秆可收集系数，进而影响秸秆可收集量。

不同地区之间水稻机械收获方式留茬高度差异性显著，部分地区留茬高度偏高。基于13个县（市、区、州）的实测水稻机械收获方式留茬高度均值分析，留茬高度在10～20 cm的地区占所收集地区的23%；留茬高度在20～30 cm的地区占所收集地区的31%；留茬高度在≥30的地区占所收集地区的46%。结果表明，部分地区水稻秸秆留茬高度偏高。

不同地区之间玉米机械收获方式留茬高度差异性显著，部分地区留茬高度偏高。基于8个县（市、区、州）的实测机械收获方式留茬高度均值分析，留茬高度在10～20 cm的地区有占所收集地区的25%；留茬高度在30～40 cm的地区占所收集地区的37.5%；留茬高度在≥40 cm的地区占所收集地区的37.5%。农业农村部《玉米机械化收获减损技术指导意见》指出，一般留茬高度要小于10 cm，也可高留茬30～40 cm，后期再进行秸秆处理。

基于2个县（市、区、州）实测大豆机械收获方式留茬高度均值分析，留茬高度在10～15 cm。农业农村部《大豆机械化收获减损技术指导意见》指出，要求大豆机械收获留茬高度在4～6 cm，采样地区略高于机械留茬高度标准（见图7至图9）。

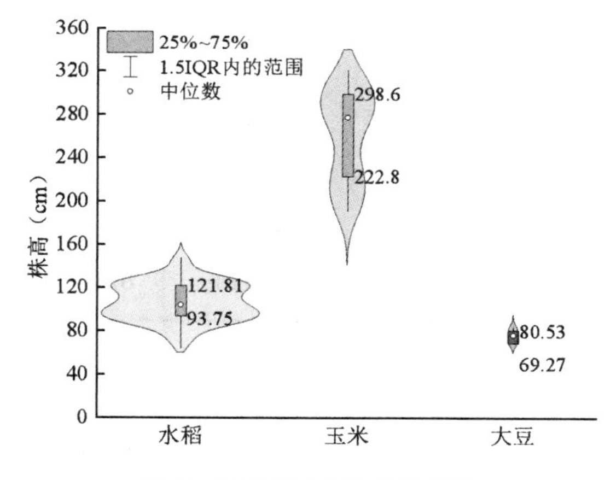

图7 湖北省不同农作物株高

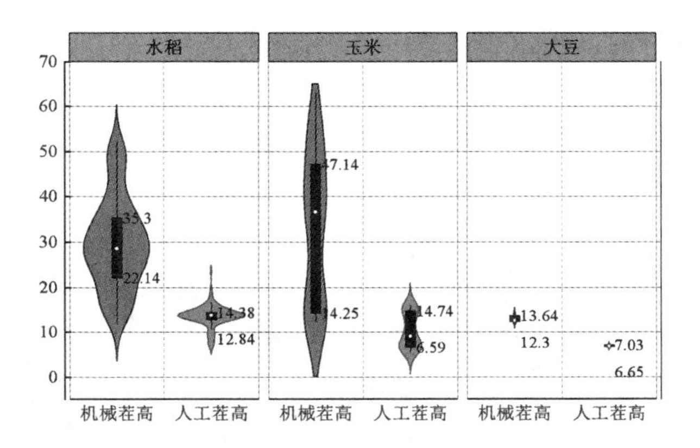

图 8 湖北省不同农作物机械留茬高度和人工留茬高度

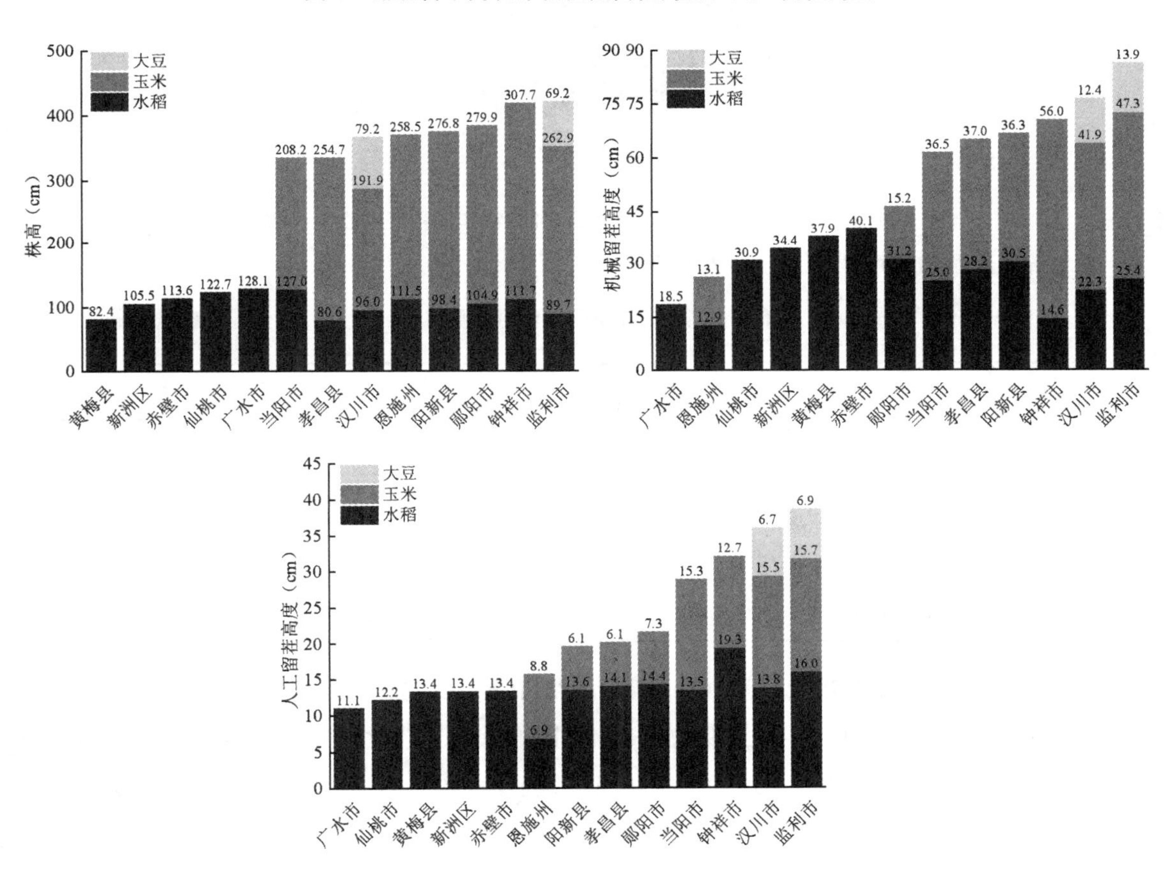

图 9 湖北省不同农作物机械留茬和人工留茬高度

2.3.2 秸秆可收集系数监测结果

湖北省水稻和玉米农作物可收集系数逐渐趋于机械收获可收集系数。①水稻秸秆的可收集系数范围为 0.55～0.88，均值为 0.72。各地区水稻秸秆可收集系数差异性显著，其中恩施州的水稻秸秆可收集系数均值较其他地区的高(0.88)，钟祥市(0.82) 和广水市(0.82) 可收集系数均值较高；从不同区域来看，西南山区秸秆可收集系数较高，沿江东部平原秸秆可收集系数较低；总体来看，随着地区从西到东水稻秸秆可收集系数呈现降低趋势。②玉米可收集系数范围为0.76～0.92，均值为0.83。各地区玉米秸秆可收集系数差异性较小。③大豆可收集系数范围为0.78～0.81，均值为0.80。2023年湖北省不同地区和种类农作物秸秆可收集系数如图10所示。

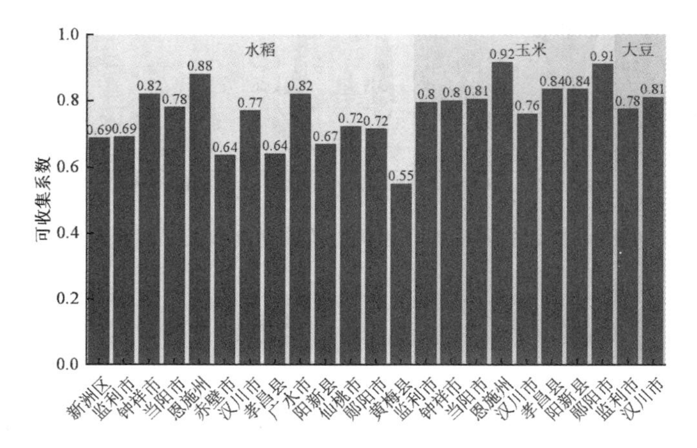

图10　2023年湖北省不同地区和种类农作物秸秆可收集系数

湖北省和全国秸秆可收集系数如表6所示。

表6　湖北省和全国秸秆可收集系数

序号	秸秆种类	2022年湖北省秸秆可收集系数平均值	2023年湖北省秸秆可收集系数平均值	全国可收集系数	
				机械收获	人工收获
1	稻草	0.68	0.72	0.74	0.83
2	玉米秸秆	0.78	0.78	0.85	0.90
3	豆类秸秆	0.77	0.80	0.56	

2.4　不同种类农作物粮食产量、秸秆产生量和可收集量监测结果

湖北省水稻、玉米和大豆3种农作物粮食产量如图11所示。①水稻共取样99个地块，粮食产量均值为534 kg/亩(226.67～849.34 kg/亩)；秸秆产生量均值为590.98 kg/亩(228.93～1017.29 kg/亩)；秸秆可收集量均值为415.79 kg/亩(155.68～689.69 kg/亩)。②玉米共取样33个地块，粮食产量均值为674.59 kg/亩(244.00～1173.34 kg/亩)；秸秆产生量均值为850.57 kg/亩(338.27～1657.61 kg/亩)；秸秆可收集量均值为720.71 kg/亩(274.00～1525.00 kg/亩)。③大豆共取样6个地块，粮食产量均值为143.11 kg/亩(89.33～208 kg/亩)；秸秆产生量均值为207.54 kg/亩(163.48～257.37 kg/亩)；秸秆可收集量均值为165.91 kg/亩(130.78～208.47 kg/亩)。水稻、玉米和大豆秸秆产生量受粮食产量和草谷比共同影响，并且与两者存在密切正相关关系(见图11)。

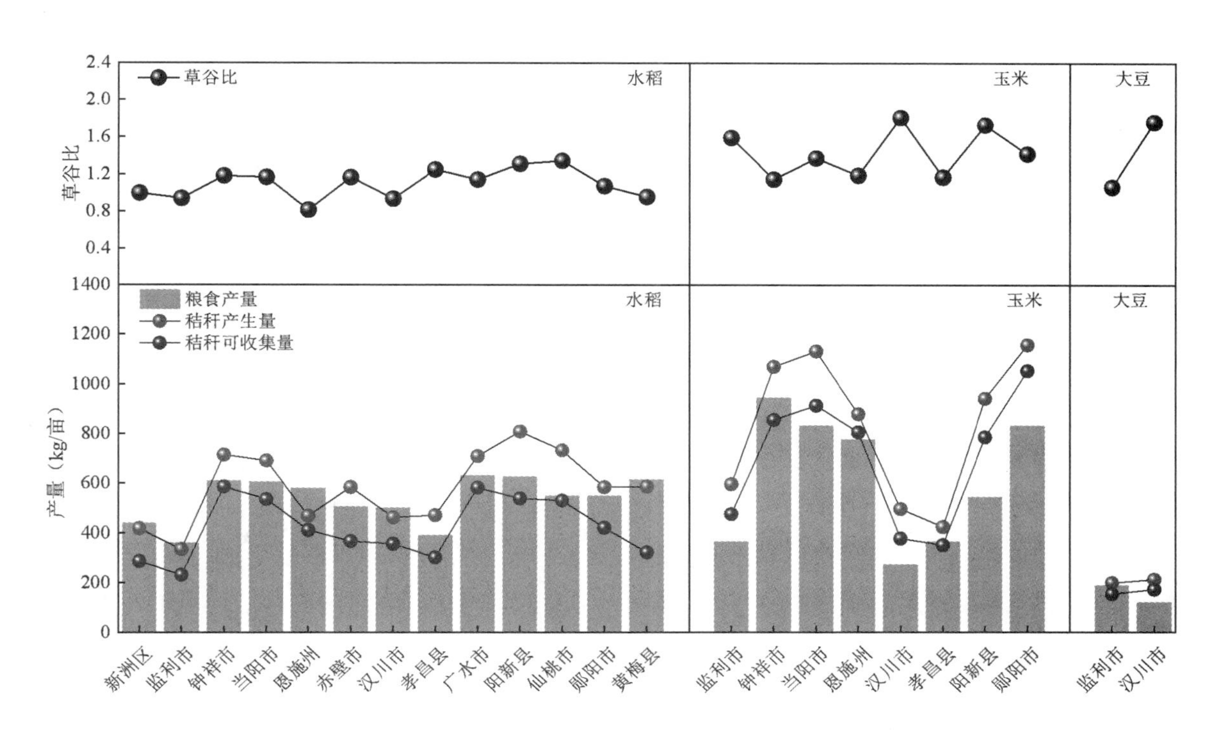

图 11　湖北省不同地区水稻粮食产量、秸秆产生量和秸秆可收集量

3. 存在的问题与建议

(1) 农业收获机械化率高，人工收获地块割茬高度收集困难。近年来，农业机械化发展水平高速提升，农作物收获时机械化水平较高，大多数地区收获方式以机械收获为主，较少部分地区因受地理位置因素的限制或者各个地区种植小户的地块较小而采用人工收获的方式，所以在进行草谷比监测的过程中，人工收获方式比较少见，导致人工收获茬高的数据收集困难，在机械化水平收获较高区域是否需要进行人工收获数据统计值得进一步讨论。

(2) 定期对区域性作物秸秆草谷比进行修正。湖北省秸秆草谷比实测值与长江中下游农区参考值和全国参考值存在差异，其中与全国参考值差异较大。农作物品种对草谷比系数影响较大，各年份之间因气候等因素导致产量变化也影响着草谷比系数，可通过定期分区域对秸秆草谷比进行实测修正，以更好地评估秸秆资源量。

(3) 样品的选择确保具有代表性和普遍性。各地区之间粮食产量和秸秆产生量差异性较大，这些差异可能是受到气候条件、作物品种、田间管理等原因影响。采样时应特别注意选择具有代表性的作物品种和栽培模式，并优先选择田间管理水平中等的地块进行采样，采样地区尽量确保随机性和广泛性，以反映实际情况的多样性和全面性。